水源 山宗

青藏高原
生态伦理思想研究

赵艳 著

ANCESTER OF MOUNTAINS AND SOURCE OF RIVERS

THE STUDY OF ECOLOGICAL AND
ETHICAL IDEA ON
QINGHAI-XIZANG PLATEAU

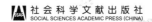
社会科学文献出版社
SOCIAL SCIENCES ACADEMIC PRESS (CHINA)

序言

　　青藏高原的生态保护是关系到国家和区域经济社会可持续发展的重大战略，近年来，随着科学的进步和对青藏高原科考研究的深入，人们对青藏高原整体的生态机理和对青藏高原生态价值的认识越来越深入，保护青藏高原的生态环境成为广泛共识。2021 年 8 月，习近平总书记在中央第七次西藏工作座谈会上提出"把青藏高原打造成全国乃至国际生态文明高地"，青藏高原的生态文明建设有了新的更加明确的目标。

　　生态问题的形成无非两个方面的原因，一是自然系统自身的演替变化，二是社会系统对环境的影响。但无论哪一种其动因都是受到人类活动的影响，因此，环境问题是一种特殊形式的社会问题。党的二十大提出，要以中国式现代化推进中华民族伟大复兴，其中人与自然和谐共生的现代化是中国式现代化的重要内容，当下国家正在全力推进青藏高原生态文明高地建设，这是人与自然和谐共生的现代化在青藏高原特殊环境条件下的特殊实践，具有特殊的意义。生态文明高地建设关乎自然环境保护和社会发展进步两个方面，在生态保护的同时，人与社会也需要可持续发展，从青藏高原特殊脆弱敏感的生态环境特点出发，毫无疑问应该采取生态保护优先的发展战略，但同时中国式现代化是全体人民共同富裕的现代化，在实现共同富裕的道路上一个民族也不能少，一个地区也不能少，因此，青藏高原的经济社会发展对实现强国目标具有特殊重要的意义。同时，生态文明建设的目标本身就包含着生态系统和社会系统和谐共生的内容。

　　对于青藏高原生态文明高地建设目标而言，首先要搞清楚影响青藏高原生态环境变化的主要变量有哪些，哪些变量对环境变化起到积极的作用，哪些变量导致环境逆向演替。当然环境问题首先是全球问题，但从区域内人与自然关系而言，适应生态环境而形成的一套文化无疑是最重要的，这套生态适应的文化中最核心的是它暗含着一整套人与自然和谐共生的朴素理念，千百年来，大河浩荡，一江清水永续东流，背后是生活在高原上的各族人民敬畏自然、尊重环境、与环境谨慎相处的自然生态伦理，对当下正在推进的青藏高原生态文明高地建设而言，这些传统的精神资源是自然生态保护的文化生态，是不可或缺的重要资源。

　　青海民族大学赵艳教授近期完成的《山宗水源：青藏高原生态伦理思想研究》是一部非常有创新建树的青藏高原生态伦理文化研究的专著，虽然前期相关领域有不少零散的研究，但赵艳教授的研究显然更加系统、更加深入。首先赵艳教授系统研究梳理青藏高原各民族生态伦理文化，第一次将昆仑文化、大禹神话与青藏高原河源文化联系起来，把世居青藏高原的民族文化中对自然环境敬畏尊重的"神山圣水"观念纳入生态伦理进行文化阐释，分析高原各民族的资源观、环境观，分析各民族的生活方式及其合理性，等等。在此基础上明确提出"河源文化的内核是生态文化"，这是非常重要的观点创新，只有在对青藏高原的环境与社会有非常深入体认和研究的基础上才有可能提出这样深入的洞见，这样一种观点的提出对于建设青藏高原生态文明高地非常重要，它启示我们在处理青藏高原生态环境保护与经济社会的高质量发展中一定要注意文化的维度，继承和保护好传统的文化精神资源。我想赵艳教授的研究其价值不仅限于此，河源文化和青藏高原生态伦理文化的挖掘对于铸牢中华民族共同体意识研究和中华民族公民教育等都具有重要的多方面的延展意义，想必多数人都不十分了解一江清水向东流背后各族人民为守护中华水塔、守护我们共同的家园做出的努力。也相信此研究为推进中华民族共有精神家园建设起到一定的推动意义，因为我们的生活越来越具有现代性之时，一些传统的文化也越来越快地淡出人们的视野，毕竟现代化是一把"双刃剑"。当然，青藏高原的问题特殊而复杂，一项研究、一部著作不可能完全讲清楚所有问题，学术研究也需要绵绵用力，深入洞察，相信赵艳教授在此基础上，后续会产出更具洞见的研究。

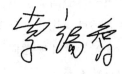

2023 年 12 月 15 日

目录

绪　论

一　选题缘由

"河源"地处青藏高原腹地，是长江、黄河、澜沧江的发源地和上游汇水区，有着"山之宗水之源""中华水塔"之美誉，是我国乃至亚洲的生态安全屏障和重要水源涵养地，是全球气候变化反应最为敏感的区域之一，也是我国生物多样性保护优先区之一，在维护国家生态安全中具有无可替代的战略地位。"纵观人类文明发展史，生态兴则文明兴，生态衰则文明衰。"① 青藏高原生态文明建设不仅对青藏高原区域和全国经济社会发展具有重要意义，同时对亚洲乃至全球的气候变化等影响巨大，因此，其是重大的国家战略。

习近平总书记在党的二十大报告中深刻阐述了中国式现代化的中国特色和本质要求，指出实现人与自然和谐共生是中国式现代化五大特征之一。2020 年 8 月 28 日，习近平总书记在中央第七次西藏工作座谈会上提出"把青藏高原打造成为全国乃至国际生态文明高地"，② 总书记的重大要求，明确了青藏高原所具有的重要生态价值功能和国家战略地位，也进一步指明了青藏高原区域生态建设和经济社会发展的战略方向。党的十八大以来，以习近平同志为核心的党中央站在中华民族永续发展的战略高度，多次对青藏高原尤其是三江源等重点区域生态保护建设提出重大要求，设立三江源国家级自然保护区，试点并批准三江源国家公园等。2019 年 9 月 18 日，习近平总书记在河南郑州召开黄河流域生态保护和高质量发展座谈会并发表重要讲话，指出要深入挖掘黄河文化蕴含的时代价值，讲好"黄河故事"，延续历史文脉，坚定文化自信，为实现中华民族伟大复兴的中国梦凝聚精神力量。③ 黄河是中华民族的母亲河，也是中华民族重要的精神象征，早在先秦文献中就有了"河出昆仑"的记载。母亲河黄河水源部分来自地处"昆仑之墟"的河源地区，这一方面是河源地区特殊的地理生态功能使然，同时也与河源地区居民数千年来生生不息，谨慎适应环境，形成的特殊文化生活方式有关。无疑，河源文化中特殊的生态伦理文化是河源文化

---

① 《习近平谈治国理政》第 3 卷，外文出版社，2020，第 374 页。
② 扎洛：《西藏：践行绿色发展理念 建设生态文明高地》，《光明日报》2023 年 5 月 30 日，第 8 版。
③ 习近平：《论把握新发展阶段、贯彻新发展理念、构建新发展格局》，中央文献出版社，2021，第 332 页。

中重要的价值内涵。遵照习近平总书记的指示，挖掘河源文化中蕴含的核心价值内涵，发掘传统文化中的优质精神资源，保护并传承良好的文化生态，让广大源头区域人民参与并在生态文明高地建设中发挥主体作用，对于青藏高原生态文明建设和实现人与自然和谐共生的中国式现代化具有重要作用和意义。这便是本书的选题意义和主旨所在。

二 国内外相关研究的学术史及研究动态

（一）关于青藏高原河源文化中的生态价值功能的研究

国内研究包含三个内容。（1）传统生态观。南文渊阐释了藏族崇敬自然、尊重生命、万物一体的生态观与和谐节制的生活方式在协调人与自然关系方面的价值；[①] 吴迪、才让、桑杰端智论证了藏传佛教伦理思想的生态道德价值及对自然生态环境的影响力；[②] 曾吉卓玛、吴琼、周亚成、陈亚艳等揭示了藏族游牧文化中的山神崇拜、自然禁忌对构建人与自然平等和谐的自然景观具有一定的启发意义。[③]（2）生态文化的认知维度。赵国栋分析了藏族水文化在保护河流、保护湿地、节约水资源、调节气候等方面具有的生态价值。[④] 范长风认为权利和科学知识联手开展违背传统生态文化的治理时，会给人类带来灾难。[⑤] 张辉、索端智、华锐·东智等探讨了青藏高原形成的自然禁忌、宗教禁忌、神山圣水的集体表象所映射的生态观念体系对保护当地自然环境、维护生态平衡有积极的意义。[⑥]（3）生态文化的实践价值。将生态文化转化为社会实践，需要相应的制度保障去承担推广、教育、整合、协调的责任。常丽霞通过分析藏族牧区生态习惯法的传承和变迁，认为生态

① 南文渊：《藏族生态伦理》，民族出版社，2007。
② 吴迪：《藏族传统生态伦理思想及其现实意义》，硕士学位论文，西北民族大学，2010；才让：《藏传佛教慈悲伦理与生态保护》，《西北民族研究》2007 年第 4 期；桑杰端智：《藏传佛教生态保护思想与实践》，《青海社会科学》2001 年第 1 期。
③ 曾吉卓玛：《论藏民族的生态观及其特点》，《青海师范大学民族师范学院学报》2020 年第 1 期；吴琼、周亚成：《游牧文化中的生态环境观浅析》，《西北民族研究》2001 年第 4 期；陈亚艳：《藏族神山崇拜与自然保护》，《青海民族研究》2000 年第 4 期。
④ 赵国栋：《地方水生态：牧区水文化的价值、风险与化解》，《贵州民族研究》2020 年第 2 期。
⑤ 范长风：《自然之道：文化眼里的青藏牧民及其自然资源管理》，中国发展出版社，2017。
⑥ 张辉：《地方性生态知识与生态保护》，《原生态民族文化学刊》2017 年第 1 期；索端智：《从民间信仰层面透视高原藏族的生态伦理——以青海黄南藏区的田野研究为例》，《青海民族研究》2007 年第 1 期；华锐·东智：《浅论藏族传统的禁忌文化对生态环境和精神文明建设的积极贡献》，《西北民族研究》2003 年第 1 期。

习惯法在生态文明建设和生态法治建设中发挥了重要的规范功能。[①] 白兴发通过宗教信仰和民风民俗所反映的生态保护事例阐述了民族传统习惯法规范与生态保护的关系。[②] 才贝、魏强、周拉等阐释了藏族山神崇拜和祭祀仪式以及这些仪式对于生态环境的影响和所具备的环保功能。[③]

国外 20 世纪 30 年代由贝尔克斯（Fikret Berkes）对传统生态文化在定义、性质、方法取向、实践效用等方面进行了具体阐述，认为其存在于日常文化实践当中。[④] 60 年代美国人类学家吉尔兹（Clifford Geertz）提出"地方性生态知识"一词，[⑤] 国外学术界开始关注地方传统文化与地域习俗等研究内容，但其使用范围受地域的限制。国外对生态文化的研究经历了理论研究、生态文化的挖掘和实践阶段，其中主要以生态文化的实践为研究对象。艾伦（Roy F. Ellen）和哈里斯（Marvin Harris）集中对生态文化的认知和实践价值进行了探讨，为生态文化被吸收到西方医学和植物学体系提供了例证，探讨了生态文化的效能问题。[⑥] 凯伦·沃伦（Karen J. Warren）则细致分析了生态文化对发展的促进作用，认为其与当地的文化与社会具有高度的一致性。[⑦] 英格利斯（Julian T. Inglis）从宏大的视角探讨了生态文化的本质，以案例研究证实生态文化在资源和环境管理方面还有尚未发挥的潜力。[⑧]

（二）关于青藏高原河源地区生态文明建设研究

国内研究包含三个层次。（1）生态环境问题研究。自 2003 年青海省实施生态移民开始，国内学术界便关注到了退牧还草、生态移民过程中的文

---

① 常丽霞：《藏族牧区生态习惯法文化的传承与变迁研究》，博士学位论文，兰州大学，2013。

② 白兴发：《少数民族传统习惯法规范与生态保护》，《青海民族学院学报》2005 年第 1 期。

③ 才贝：《阿尼玛卿山神文化研究》，博士学位论文，中央民族大学，2010；魏强：《论藏族山神崇拜习俗》，《中央民族大学学报》2010 年第 6 期；周拉：《略论藏族神山崇拜的文化特征及功能》，《中央民族大学学报》2006 年第 4 期；才贝：《阿尼玛卿山神研究》，民族出版社，2012。

④ Fikret Berkes, *Sacred Ecology: Traditional Ecological Knowledge and Resource Management*, Cambridge University Press, 2008.

⑤ 〔美〕克里福德·吉尔兹：《地方性知识》，王海龙、张家瑄译，中央编译出版社，2009。

⑥ Roy F. Ellen, *The Cultural Relations of Classification*, Cambridge University Press, 2006; Marvin Harris, *Cultural Materialism: The Struggle for a Science of Culture*, AltaMira Press, 2001.

⑦ Karen J. Warren, *Ecofeminist Philosophy: A Western Perspective on What Is and Why It Matters*, Rowman and Littlefeld Publishers, 2012.

⑧ Julian T. Inglis, "Traditional Ecological Knowledge: Concepts and Cases," Canadian Museum of Nature / IDRC, 1993.

化变迁和社会变迁，以及牧民搬迁后的生计等问题。祁进玉、陈晓璐通过对青海省果洛和玉树藏族自治州的实地调查，提出要实施兼顾"草畜平衡"与草场生态环境改善的兼顾性生态移民政策。① 徐君指出生态移民研究需注重移民地区特定民族的社会历史形态以及文化的特殊价值。② （2）生态环境可持续发展研究。从 20 世纪 70 年代开始，国内通过反思传统经济发展道路，提出社会稳定、生态和谐、经济发展是可持续发展的三个基本要素。③ 2005 年青海省召开"三江源区生态保护与可持续发展高级学术研讨会"，提出将青海的生态优势转化为产能优势，实现生态和经济可持续发展。刘同德提出要坚持特色经济、生态经济、人本开发"三位一体"的发展模式。④ 王启基、来德珍等针对三江源的生态环境问题，提出需加强天然草地资源保护，优化家庭牧场生态结构及生产模式。⑤ （3）生态保护研究。2005 年国家启动自然保护区生态保护和建设工程，退牧还草、减少牲畜、生态移民、黑滩涂治理等工程措施有效遏制了青藏高原生态系统的恶化。2016 年启动三江源国家公园体制试点，2021 年国务院设立三江源国家公园。同时，通过生态移民补偿、草原生态保护奖励补助、野生动物伤害补偿制度等形式开展了生态扶贫。高卿、苗毅等针对青藏高原生态环境问题提出转变发展理念的方案。⑥ 邵全琴、樊江文等根据生态成效评估指标体系，对生态保护和建设的生态成效进行了评估，研究表明青藏高原生态状况趋好，但尚未达到 20 世纪 70 年代比较好的生态状况。⑦

　　国外对青藏高原生态文明研究较为深入，相关研究成果较为丰富。哈里斯曾指出最近研究表明青藏高原在过去 50 年，水土、动物群和植物群都发生了重大的改变，青藏高原植被多样性在减少，生产力在减弱，植被的退化是衡量草场退化的标准。此外，生态移民不仅影响该地区人文景观和自然景观，还引发了文化连续性被破坏及对未来的期望降

---

① 祁进玉、陈晓璐：《三江源地区生态移民异地安置与适应》，《民族研究》2020 年第 4 期。
② 徐君：《三江源生态移民研究取向探索》，《西藏研究》2008 年第 3 期。
③ 晏路明：《人类发展与生存环境》，中国环境科学出版社，2001。
④ 刘同德：《青藏高原区域可持续发展研究》，博士学位论文，天津大学，2009。
⑤ 王启基等：《三江源区资源与生态环境现状及可持续发展》，《兰州大学学报》2005 年第 4 期。
⑥ 高卿等：《青藏高原可持续发展研究进展》，《地理研究》2021 年第 1 期。
⑦ 邵全琴等：《三江源区生态系统综合监测与评估》，科学出版社，2017。

低等多种问题。① 富礼正（J. Marc Foggin）、格拉太（G. Galaty）、约翰逊（Douglas L. Johnson）等针对这些问题也提出在兼顾成本效益，在不会给移民区的社会文化和牧民生计带来重大变化的前提下，向该地区提供社区卫生、教育等社会服务的建议。② 富礼正、贝斯（Bass）提出青藏高原生态目标是与当地牧民协作维护牧民草场生态系统功能和保护野生动物，既要为牧民提供社会服务，同时要在实践中重视当地牧民在生态保护中的价值。③ Elisa Cencetti 调查了移民定居牧民的生态观，并提出牧民生态观可以为专家对青藏高原生态问题的分析和草原过度放牧问题的解决提供一种新的解读视角。④ Jarmila Ptackova 的博士学位论文通过对青海省泽库县的实地考察，着重分析了当地牧民定居后的社会适应与生计等问题，从牧民的角度审视生态移民政策中的环境问题。⑤ 在 2021 年《生物多样性公约》第十五次缔约方大会（COP15）"青藏高原生态文明与生态安全"主题分论坛上，多国专家围绕全球变暖与亚洲水塔安全，建言献策青藏高原生态安全屏障建设。

综上所述，国内外从不同侧面对青藏高原河源文化及生态文明建设有较深入探讨。国内研究以河源地区藏族生态文化为研究热点。国外研究以关注青藏高原生态文明建设为主。目前，研究不足表现为：一是对青藏高原河源文化中的生态价值内涵未做整体性、专门的梳理。二是对河源文化在青藏高原生态文明建设和实现人与自然和谐共生的中国式现代化中的价

---

① Marvin Harris, *Culture*, *People*, *Nature*: *An Introduction to General Anthropology* (7th Edition), Allyn & Bacon, 1997.

② J. Marc Foggin, "How Can Social and Environmental Services Be Provided for Mobile Tibetan Herders? Collaborative Examples from Qinghai Province, China," *Journal Article* 2011; G. Galaty & Douglas L. Johnson, *The World of Pastoralism*: *Herding Systems in Comparative Perspective*, The Guilford Press, 1990.

③ Foggin & Bass, "China Horizontal Policy Analysis—A Tool to Promote Sustainable Livelihoods Development with Implications for Ecological Resettlement and Other Major Development Programs in the Tibetan Plateau Region," in *Pastoralism in Contemporary China*: *Policy and Practice*, Social Science Academic Press, 2012.

④ Elisa Cencetti, "Tibetan Plateau Grassland Protection: Tibetan Herders' Ecological Conception Versus State Policies Himalaya," *The Journal of the Association for Nepal and Himalayan Studies* 30 (1).

⑤ Jarmila Ptackova, "The Great Opening of the West Development Strategy and Its Impact on the Life and Livelihood of Tibetan Pastoralists," *Doctoral Thesis* 2013.

值未做专门研究。三是对河源文化对青藏高原生态文明建设和实现人与自然和谐共生的中国式现代化中特有的价值功能未做系统性研究。本书拟在前人研究的基础上，运用多学科相结合的方法，将青藏高原生态文明建设置于"人类命运共同体"的背景下来考察，对青藏高原河源文化进行系统梳理，挖掘其所蕴含的生态伦理内涵，并就其在生态文明建设和实现人与自然和谐共生的中国式现代化中的功能意义进行深入探讨，经过理论总结和案例分析，得出有参考价值的研究结论。

三　学术价值和应用价值

（一）学术价值

1. 理论价值

建设青藏高原生态文明高地和实现人与自然和谐共生是习近平生态文明思想的重要内容，从文化生态学视角挖掘青藏高原河源文化中所蕴含的特殊生态价值，进而探讨其对生态文明高地建设乃至实现人与自然和谐共生的中国式现代化的重要意义，可以在习近平生态文明思想指引下进一步丰富特殊环境下生态文明建设的理论与实践，也是对文化生态学科理论的有效补充。

2. 实践价值

青藏高原生态文明建设是习近平生态文明思想的重大实践，也是重大的国家战略，实现人与自然和谐共生是中国式现代化五大特征之一。青藏高原生态环境的特殊性和社会文化的异质性，使得青藏高原生态文明建设面临特殊的困难和问题，生态保护优先、绿色发展是基本路径，具体实践中必须考虑文化的维度，传统生态伦理及其现代价值必须纳入其中。

3. 资料价值

青藏高原河源文化零散地记录在地方性历史典籍、现代民族志等不同种类的文献资料中，此前对于河源文化的价值内涵没有进行系统性的整理研究，本书将系统梳理、归纳分类河源文化的核心价值内涵，为青藏高原区域文化研究积累资料。

（二）应用价值

习近平总书记一直高度重视青海生态文明建设，两次在全国两会期间参加青海代表团审议，两次踏上青海高原考察，对青海做出"三个最大"① 省情定位，多次强调青海对国家生态安全、民族永续发展负有重大责任。

（1）为青藏高原生态文明建设的具体实践提供文化维度。文化是发展的重要维度，青藏高原生态文明建设必须充分发掘利用传统精神资源，通过深入挖掘和研究河源文化在生态文明建设中的潜在价值，维护好自然生态环境背后重要的文化生态，实现自然生态与人文生态的和谐统一。

（2）本书将丰富青藏高原生态文明建设的实践路径，应用于生态文明建设的具体实践，具有重要的应用价值。

（3）对青藏高原国家公园建设、三江源国家级生态环境保护区建设以及实现人与自然和谐共生的中国式现代化等具有重要的实践价值和参考意义。

四　研究对象

本书以青藏高原河源文化在生态文明高地建设和实现人与自然和谐共生的中国式现代化中的价值为研究对象，立足生态伦理学和文化人类学基本理论方法，综合运用历史学、社会学、民族学等相关理论方法。一方面，在着重系统梳理青藏高原河源文化基础上，探讨其对青藏高原生态文明建设实现人与自然和谐共生的中国式现代化的独特价值；另一方面，关注青藏高原生态文明建设的现状，关注生态文明建设对河源文化的扬弃，探讨河源文化在新时代的社会历史条件下和具体场域的更新与发展。

---

① "青海最大的价值在生态、最大的责任在生态、最大的潜力也在生态。"《习近平在青海考察时强调：尊重自然顺应自然保护自然 坚决筑牢国家生态安全屏障》，《人民日报》2016年8月25日，第1版。

第一章

河　源

朱利安·斯图尔德（Julian Steward）在其具有里程碑意义的著作《文化变迁论》中认为，一种文化对其所处的自然与生态环境必然具有适应能力。在文化与所处生态环境的相互磨合中，两者会不由自主地形成相互渗透、相互支撑的密切关系，最终表现为文化与生态结成一个紧密的"共同体"。①地理环境是人类赖以生存的自然基础，也是文化类型的决定性因素。河源地区所在的青藏高原是地球上平均海拔最高的地区，长期被认为是"人类生命禁区"。大量考古成果用实物证据打破了这一误区：旧石器时代的"丹尼索瓦人"很可能是最早适应高海拔地区气候条件的人群之一，其生命机理中已经开始具有抗高寒、耐缺氧等特殊基因，为人类生生不息、世世代代定居雪域高原奠定了生物学基础。人类挑战生命极限、生存极限的无畏精神，最终战胜了极端条件下严酷的生态环境和自然条件，在河源地区创造出从旧石器时代到新石器时代、早期金属器时代等不同阶段具有高原文明特质的人类文化。

---

① 〔美〕朱利安·斯图尔德：《文化变迁论》，谭卫华、罗康隆译，贵州人民出版社，2013，第35页。

第一节 河源地区生态系统价值

河源地区属于全球生物地理省区划〔Udvardy（1975）〕的古北界（Palearctic Realm）和世界自然基金会（WWF）全球 200 个生物多样性优先保护清单（Global 200）内的山地草场和灌丛生态区（Montane Grasslands and Shrublands）中的青藏高原草原区（Tibetan Plateau Steppe）。其位于青藏高原的腹地，是青藏高原的主体部分，是世界高海拔地区生物、物种、基因、遗传多样性最集中的地区，拥有世界上高海拔地区独有的大面积湿地生态系统，素有"中国最大之水乡"之称，是全球生态系统的调节器和稳定器，被公认为世界四大无公害超净区之一，涵盖三江源、祁连山、环青海湖、柴达木、河湟地区"五大生态板块"，在我国乃至世界生态安全与生态文化中具有独特而不可替代的作用。

关于河源的流域范围目前没有统一的界定，时任全国人大常委会副委员长布赫撰写的"江河源区自然保护区三江源自然保护区"的碑文记为31.6 万平方千米。① 行政区划上包括格尔木市的唐古拉山镇，玉树藏族自治州（除可可西里外），果洛藏族自治州，黄南藏族自治州，海南藏族自治州共和县部分及海东市的循化、化隆两县，共计 23 个县、1 个乡，约占青海省土地总面积的 44%。

一 河源地区地质地貌价值

河源地区地处世界上海拔最高、最年轻的高原，是"世界屋脊""地球第三极"的广袤腹地。河源地区地势高峻、地貌复杂多样，平均海拔 4000米，从地理景观上可概括为"四山夹三谷（盆）"。昆仑山、阿尼玛卿山、巴颜喀拉山和唐古拉山构成了其骨架，山脉之间镶嵌着高原、谷地和盆地。地势总体西高东低，南部为高海拔的青南高原，绝大部分在海拔 4000 米以上。河源地区北带为昆仑山、阿尼玛卿山，南带为唐古拉山，中带为地势

---

① 温生辉在《实行休牧育草搞好"三江源区"生态保护和建设》（《中国农村经济》2000 年第 10 期）一文中认为该区面积为 31.8 万平方千米，郑杰在《三江源自然保护区与西部大开发》中认为该区位于 89°24′E～102°23′E，31°39′N～36°16′N，面积为 36.3 万平方千米。

开阔、起伏不大的巴颜喀拉山，海拔 5000 米以上的山脉大都终年积雪。巴颜喀拉山是长江、黄河的分水岭。

河源地区的冰川是中国冰川、世界低纬度地区冰川的重要组成部分，冰川面积达 2400 平方千米，储冰量达 2000 亿立方米，占全国储冰总量的 3.5%，占其所属的长江流域、黄河流域、澜沧江流域、青藏高原内流地区四个流域储冰总量的 20.9%。[1] 河源地区拥有青藏高原最完整的白垩纪丹霞地貌之一，其位于杂多县昂赛乡境内，分布面积达 300 平方千米，海拔 3800 米左右，是唐古拉山脉与横断山脉过渡地带鲜有的地质景观。

河源地区的丰富地貌，是历史上剧烈地壳活动的痕迹，延续至今。其不仅是江河源头，而且有大小湖泊 1800 余个，这些湖泊主要分布在内陆河流域和长江、黄河的源头段，是世界上海拔最高、数量最多、面积最大的高原湖泊群。鄂陵湖和扎陵湖的面积分别是 610 平方千米和 526 平方千米，是青藏高原上最大的两个淡水湖，亦分别是黄河水系第二、第三大湖泊。[2] 中国湖泊分布密度最大的两大稠密湖群区分别是东部平原和西部青藏高原地区，而东部平原地区的湖泊数量仅为青藏高原的 1/3，湖水储水量仅为青藏高原的 13%，无论是数量、储水量还是面积，都无法与青藏高原相媲美。

河源地区是高寒湿地的典型区域，根据《中国重要湿地名录》统计，青藏高原的湿地类型以草本沼泽湿地为主，是中国面积最大的天然草本沼泽分布区，高寒环境下以藏嵩草和青藏苔草为主的高寒沼泽化草甸加上其他高寒草甸，构成了"中华水塔"主要的保水屏障和储水库。长江南源的当曲流域展现了世界海拔最高的湿地景观。

河源地区属于寒冷的半湿润地区，热量低且分布很不均匀。从年均温度上看，该区年均温度最高不超过 8℃，最低地区可达 -12℃；大部分地区年均温度低于 0℃ 或在 0℃ 左右，其中又以 -7℃ ~ -4℃ 地区最多。河源地区从东往西，年均温度逐渐下降。东部的兴海、共和、贵南、贵德、尖扎、化隆、循化和同仁等县，以及南部的囊谦县和班玛县等少数地区年均温度稍高，在 2℃ 以上。

河源地区年均降雨量在 80 ~ 786 毫米。大部分地区的年均降雨量在 300

---

[1] 施雅风主编《简明中国冰川目录》，上海科学普及出版社，2005，第 76 页。

[2] 湿地中国：http://www.shidi.org/lib/lore/ramsar-peak.htm。

毫米以上。其中，在杂多、玉树、称多、玛沁、同德和泽库等市县以东和以南地区，年均降雨量在 450 毫米以上，东南部的玛多、久治县大部地区以及甘德县、河南县小部地区，年均降雨量甚至在 600 毫米以上。由于年均温度较低，且降雨量相对丰沛，蒸发量较小，因此该区的湿润度指数较高。正是因为这种低温、湿润的气候条件，河源地区为长江、黄河和澜沧江等江河提供了丰富的水资源。

二　河源地区生物多样性价值

青藏高原是全球面积最大的高原，分布着丰富多样、独具特色的特殊生态系统类型，是全球生物多样性保护的重要区域。河源地区是青藏高原生态系统的代表，是青藏高原特有物种多样性、遗传多样性和生态系统多样性保护的重要区域，同时也是我国青藏高原生态屏障重要的组成部分，是我国高质量荒野地的代表性区域。与青藏高原相似，河源地区生态系统具有独特性、原始性和脆弱性三大特征。

河源地区是世界上最重要的在地保护生物多样性的自然栖息地之一。这里 1/3 的植物、60% 的动物及几乎所有的哺乳动物为青藏高原特有种。其中的藏羚（Pantholops hodgsoni）[①] 是在青藏高原隆升过程中演化而成的特有物种，野牦牛（Bos mutus）[②] 是青藏高原上体型最大的动物。可可西里湖盆地区是目前已知规模最大的藏羚集中产羔地，每年夏初，雌性藏羚从阿尔金山、羌塘和可可西里东部向腹地的湖盆地区迁徙，仅卓乃湖一地，每年就有超过 16000 只雌性藏羚集中产羔。同时，有 8000~15000 头野牦牛也生活在可可西里，占到了全球野牦牛种群数量的 32%~50%。

河源地区也是青藏高原上生境最丰富的地段之一。目前，生活着超过四种大型食肉动物的区域仅为地球陆地表面的 5%，这些区域集中分布在东南亚东部、非洲南部和北美洲西北部，而青藏高原生活着八种大型食肉动物，无论是种类数量，还是分布的密集程度、栖息地的完整性，都位居世界第一。

[①]　在《世界自然保护联盟濒危红色物种名录》（IUCN Redlist）中被列为濒危（EN），也是《濒危野生动植物种国际贸易公约》（CITES）附录 I 物种。

[②]　在《世界自然保护联盟濒危红色物种名录》（IUCN Redlist）中被列为易危（VU），也是《濒危野生动植物种国际贸易公约》（CITES）附录 I 物种。

三 河源地区游牧文化价值

河源地区是中国藏族文化、源头文化的核心区域，拥有丰富的文化资源。尤其是尊重生命、敬畏自然、和谐共存的文化理念长期影响着人们的生活方式和行为准则，蕴含着古代先民纯朴的生态智慧，维持了这个地区几千年来生态环境和生态系统的稳定。法国地理学家白吕纳指出："一地的位置、地形、地质构造和气候都可以解释一个民族的历史。"① 生态环境决定了人类的生活方式和发展空间。河源地区的总体气候特征是冬寒夏凉，无霜期短，年温差小而日温差大，日照丰富而多大风。② 气候条件对河源地区的农业生产和发展都产生了很大的影响。农业区分布范围小，主要分布在较为温暖的河谷地带，而这些区域在河源地区总面积中占比很小，并且时常遭受到低温冻害的侵袭，农业生产不稳定。这就决定了河源地区以游牧业为主的经济格局。对此，民国时期的学者就有精辟的概括："自日月山以西，纯系天然草原，蒙藏人民，游牧其间，依赖水草，处此生活，东部河湟流域，虽是农耕之区，但因为大陆性气候，或旱或涝，灾情频仍，因生产受其影响，致民生多所疾苦"。③

中国是世界上草原资源最丰富的国家之一，草原总面积47亿多亩，约占国土总面积的1/3。青藏高原草原区的面积占全国草原总面积的32%以上，是生态系统中面积最大且最富特色的一个组成部分。恩格斯曾说：

> 畜群的形成，在适于畜牧的地方导致了游牧生活：闪米特人在幼发拉底河和底格里斯河的草原上，雅利安人在印度，奥克苏斯河和药杀水、顿河及第聂伯河的草原上。动物的驯养，最初大概是在这种牧区的边疆上实行的。因此，后人便以为游牧民族是起源于这样一些地方，这种地方根本不会是人类的摇篮，相反，对于人类的祖先蒙昧人，甚至对于野蛮时代低级阶段的人们，都几乎是不适于居住的。反之，一旦这些处于中级阶段的野蛮人习惯了游牧生活以后，就永远不

---

① 〔法〕白吕纳：《人地学原理》，任美锷、李旭旦译，钟山书局，1935，第56页。
② 任美锷主编《中国自然地理纲要》，商务印书馆，1993，第383页。
③ 王天津：《青藏高原人口与环境承载力》，中国藏学出版社，1998，第17页。

会想到从水草丰美的沿河平原自愿地回到他们的祖先居住过的林区去了。①

陈庆英先生在《藏族部落制度研究》一书的绪论中指出，畜群的迅速繁殖造成寻求新的草场的需要，这些畜牧业部落中的一部分翻越唐古拉山进入到青海的长江和黄河源头的草原地带，在那里发展出更大规模的高原畜牧业，形成一些由游牧部落组成的部落联盟。② 从河源地区的地理环境看，广阔而相对平坦的草原及部分通往高山峡谷间森林的盘山草地呈连续性带状分布，其主要分布在环湖地区以及玉树藏族自治州、果洛藏族自治州及黄南、海北等地。这一带草原水草丰美，适合畜牧业的发展，因此游牧部落的人口和牲畜在这里迅速地繁殖起来，并不断地分化出新的部落，向四面扩散，逐渐遍布整个青藏高原。

根据墓葬中出土的大量羊、牛、马等兽骨，以及彩陶中多见羊纹图案等迹象，学术界普遍认为"青海地区大规模畜牧业的兴起是青铜器时代卡约文化时期的事，至于游牧经济的产生更晚至卡约文化后期"。③ 自史前青铜时代以来，古羌人诸部就拥有发达的牧羊业，并同时畜养了牛、马、猪、狗乃至骆驼等家畜。东汉许慎《说文解字》中载："羌，西戎④牧羊人也，从人，从羊，羊亦声。"⑤ 同时代应劭所著《风俗通义》中也载："羌本西戎卑贱者也，主牧羊，故羌字从羊、人，因以为号。"⑥ 羌人有"西戎牧羊人"之称，"成功地驯化了古盘羊，育成了古羌羊，又将古羌羊与中亚、近东的脂尾羊不同程度的杂交种羊，奉献给中国各民族。各民族在这样的基础上，培育出中国异彩纷呈，形态性能各异的中国绵羊"。⑦

吐蕃王朝时期，畜牧是其最主要的生产方式。基于对自然条件的深刻认识，吐蕃畜牧业已经达到了相当高的水平。有学者认为，"蕃"作为藏族

---

① 〔德〕恩格斯：《家庭、私有制和国家的起源》，人民出版社，2018，第25页。
② 陈庆英主编《藏族部落制度研究》，中国藏学出版社，2002，第7页。
③ 崔永红：《青海经济史》（古代卷），青海人民出版社，1998，第14页。
④ 古代对西部民族的统称。
⑤ 《说文解字》，汤可敬译注，中华书局，2018，第761页。
⑥ 《风俗通义》，孙雪霞、陈桐生译注，中华书局，2021，第563页。
⑦ 薄吾成：《古羌人对我国养羊业的贡献与影响》，《农业考古》2008年第4期，第277页。

的自称，可能就与农牧业生产的发展演变有关。① 据《汉藏史集——贤者喜乐赡部洲明鉴》记载，首茹列杰作为吐蕃七贤臣之首，开创了"在夏天将草割下成捆收藏以备冬天饲养牲畜"② 的方式，充分解决了冬季牧草短缺的问题。"其人或随畜牧而不常厥居"，③ "其畜牧，逐水草无常所"，④ "每岁盛夏，吐蕃畜牧青海，去塞甚远"。⑤《敦煌本吐蕃历史文书》记载："及至牛年（公元 713 年）的夏，……划定夏季牧场与冬季牧场，唐廷使者杨景十前来致礼。"⑥ 吐蕃人采用的"逐水草而居"和划分冬夏季牧场的方式，合理地利用了高原不同季节的水草资源，实际上是充分发挥当地的自然条件优势，以生物气候的垂直差异为依据划分和利用季节牧场。

畜牧业不仅是吐蕃时期的经济基础，同时，也对吐蕃军事和交通等影响深远。因此，吐蕃一直致力于扩大畜牧业场地。《旧唐书》记载，吐蕃在金城公主下嫁时，曾不遗余力地争取黄河九曲地，主要原因在于这里水甘草美，是发展畜牧业的天然场所。吐蕃获得九曲之地后，便在这里蓄养牛羊马匹，使这里成为吐蕃的重要畜牧业基地之一，⑦ 曾一度出现"吐蕃畜牧被野"⑧ 的盛况。吐蕃时期的畜类主要有犀牛、名马、犬、羱、骆驼、驴等，牦牛是青藏高原特有的动物之一，因其力气大、耐高寒、足趾宽厚，是吐蕃时期无可替代的重要生产工具，是真正的"高原之舟"，甚至史书上将吐蕃称为"牦牛国"。

杜甫有诗云："草肥蕃马健，雪重拂庐干。"马匹既是生活资料，又是当时军队装备的重要内容，往往决定着军队的战斗力。史书记载："青海周回千余里，海内有小山，每冬冰合后，以良牝马置此山，到来春收之，马皆有孕，所生得驹，号为龙种，必多骏异。吐谷浑尝得波斯草马，放入海，

① 张云、林冠群主编《西藏通史·吐蕃卷》（下），中国藏学出版社，2016，第 465 页。
② 达仓宗巴·班觉桑布：《汉藏史集——贤者喜乐赡部洲明鉴》，陈庆英译，西藏人民出版社，1986，第 136 页。
③ （后晋）刘昫等：《旧唐书》卷 196《吐蕃》上，中华书局，1975，第 768 页。
④ （宋）欧阳修等：《新唐书》卷 216《吐蕃》上，中华书局，1975，第 2079 页。
⑤ （宋）司马光编著，（元）胡三省音注《资治通鉴》卷 224 "唐代宗大历八年（773）十月"条，中华书局，2018。
⑥ 王尧、陈践译注《敦煌本吐蕃历史文书》（增订本），民族出版社，1992，第 146 页。
⑦ （后晋）刘昫等：《旧唐书》卷 196《吐蕃》上，中华书局，1975，第 1027 页。
⑧ （宋）司马光编著，（元）胡三省音注《资治通鉴》卷 214 "唐玄宗开元二十五年（737）二月"条，中华书局，2018。

因生骢驹，能日行千里，世传青海骢者也。"[1] "青海骢"曾是中国历史上名噪一时的宝马，是吐谷浑向南北朝奉献的贡品。唐高宗咸亨元年（670），吐蕃占领了环湖地区，《资治通鉴》记载，唐高宗"以吐蕃为忧，悉召侍臣谋之"，其中太学生魏元忠言御吐蕃之策，"出师之要，全资马力。臣请开畜马之禁，使百姓皆得蓄马，若官军大举，委州县长吏以官钱增价市之，则皆为官有。彼胡虏恃马力以为强，若听人间市而畜之，乃是损彼之强为中国之利也"。[2] 而且"牧马官"是吐蕃时期所设的主要官员之一，其地位比较高，对其任免往往要通过高级别的会议决定，这也从一个侧面反映出畜牧业经济在吐蕃时期的重要性。

第二节 河源之"山宗水源"的自然禀赋

从地理学意义上讲，河源地区是由一系列高大山系和密集水系组成的一个巨大的构造地貌单元，是名副其实的山之宗、水之源，具有十分重要的生态安全屏障的功能和意义。河源地区是长江、黄河、澜沧江三条江河的发源地和上游汇水区，多年平均径流量499亿立方米，其中长江径流量为184亿立方米，黄河径流量为208亿立方米，澜沧江径流量为107亿立方米，同时长江总水量的25%、黄河总水量的49%、澜沧江总水量的15%来自该地区。[3] 三条闻名世界的江河发源于同一个地方，这在世界上是绝无仅有的。而且河源地区不仅是江河源头，更是中国名江大河的发育区。长江和黄河居中国河流之首，其中长江在世界大河中的长度仅次于非洲尼罗河和南美洲的亚马孙河，居世界第三位，而黄河居于世界第五位。澜沧江是世界第七大河及东南亚第一长河，并且是著名的国际重要河流。可以说，发源于河源地区的大江大河，不仅是孕育中华文明的重要河流，更在世界大河中占据重要位置。

从古籍中对"河出昆仑"的反复记载和历代对河源昆仑的探寻，充分

---

[1] （唐）李延寿：《北史》卷96《吐谷浑》，中华书局，1974，第3186页。

[2] （宋）司马光编著，（元）胡三省音注《资治通鉴》卷202，"唐高宗仪凤三年九月"条，中华书局，2018。

[3] 《三江源国家公园总体规划》，2018年1月12日，https：//www.gov.cn/xinwen/2018-01/17/5257568/filesc26af29955e141bda0d736a673dac4c5.pdf。

表明国人千百年来的一个共识就是，昆仑山在今天的以三江源为中心的青藏高原河源地区，是"河源"所在的标识。现实中的昆仑山脉是世界十大山脉之一，是我国最大的山脉，河源地区的所有山脉皆源于昆仑山脉。

圣山又孕育了神水。昆仑神水被誉为万物之源、生命之水，《太平御览》卷38引《博物志》载："昆仑从广南一千里，神物集也。出五色云气，五色流水，其白水东南流入中国，名河也。"① 又《山海经·西山经》载：

> 西南四百里，曰昆仑之丘，……河水出焉，而南流东注于无达。赤水出焉，而东南流注于氾天之水。洋水出焉，而西南流注于丑涂之水。黑水出焉，而西南流于大杅。②

《淮南子·地形训》也说河水出昆仑，昆仑有"四水"：

> 河水出昆仑东北陬，贯激海，入禹所导积石山。赤水出其东南陬，西南注南海。丹泽之东，赤水之东，弱水出自穷石，至于合黎，余波入于流沙。绝流沙，南至南海。洋水出其西北陬，入于南海羽民之南。凡四水者，帝之神泉以和百药，以润万物。③

"昆仑四水"，皆源于太帝至神泉，调和百药滋养万物，造福凡间芸芸众生。仅从昆仑中部发源的水，自北向南就有今天的黄河（河水）、长江（江水）、澜沧江（兰苍水）、雅砻江（若水）、金沙江（赤水）和怒江（周水）等，山水相连成为孕育河源生态文化的重要温床。

一 巴颜喀拉山脉与黄河等水系及湖泊

巴颜喀拉山脉为昆仑山脉之东延部分，这条山脉近东西向伸展，西接可可西里山，东抵松潘高原和邛崃山，是黄河的发源地，也是长江、黄河的分水岭。"巴颜喀拉"蒙古语之意为"富饶青（黑）色的山"，藏语名为

---

① （宋）李昉等：《太平御览》（全4册），中华书局，1995，第81页。
② 《山海经》，方韬译注，中华书局，2011，第48页。
③ （汉）刘安著，陈广忠译注《淮南子译注》，上海古籍出版社，2017，第149页。

"勒那冬日"，为"祖山"之意。古代汉文史籍称之为"昆仑丘"或者"小昆仑"，全长 780 千米，平均海拔为 5000 米。山脉周围遍布大小沼泽和湖泊，其中以星宿海、扎陵湖和鄂陵湖为最著名者。位于山脉中部鄂陵湖以南的巴颜喀拉山口，是唐代唐蕃古道的必经之地。传说巴颜喀拉山的主峰年保玉则（年保玉什则）被称为东方"日暮达"，即"天神的后花园"。年保玉则拥有 3600 座山峰和 360 个海子，雪山与镜湖相辉映，主峰海拔 5369 米，终年积雪，周围的山峰高度都与其接近，像是片片花瓣簇拥在一起的绽放的雪莲花，孕育了太多美丽神奇的传说，也是果洛诸部落文明的发祥地，因此被人们尊崇为神山。

《淮南子·览冥训》明确记载："河九折注于海，而流不绝者，昆仑之输也。"[1] 巴颜喀拉山脉北麓的约古宗列曲是黄河源头所在。约古宗列是一个山岭环绕的椭圆形盆地，位于雅拉达泽山以东，有 100 多个形似珍珠的小水泊镶嵌其中。盆地西南隅的小泉"玛曲曲果"，为黄河之正源。"玛曲"，藏语意为"源自玛卿神山的河"或被形象地称为"孔雀河源头山"；"曲果"，藏语意为小河源头。约古宗列曲穿过黄河源头第一峡茫尕（峡）后进入玛涌（滩），始称玛曲，玛涌（滩）是一片东西长 50 千米，南北宽 20 千米的草原，河流两侧分布有不少湖泊，中部是犹如繁星罗列的"星宿海"[2]，状如孔雀开屏，故又将玛曲称为"孔雀河"。玛曲流出星宿海，接纳卡日曲后流入扎陵湖，经流 10 千米后入鄂陵湖。黄河从玛多县沿西北—东南同阿尼玛卿山相平行流淌在果洛草原上，东南部进入川、甘境内，绕阿尼玛卿山折向河南县外斯附近，沿阿尼玛卿山北麓流向西北，在兴海唐乃亥折向东北至龙羊峡，然后一直东流至寺沟峡流入甘肃境内。黄河从源头至出省，左旋右转，盘曲回环，完成了第一个"S"形河曲，全长 1982.8 千米。

玛多县黄河沿以上称河源段，长 285.5 千米，流域面积 2.09 万平方千米。河源区海拔 4600 米以上，水源补给以冰雪融水为主。一级支流主要有

---

[1]　（汉）刘安著，陈广忠译注《淮南子译注》，上海古籍出版社，2017，第 246 页。

[2]　星宿海，藏语为"错岔"，意为"花海子"，唐宋时期，视星宿海为黄河正源，清代专使拉锡、阿弥达西逾星宿海，经过实地勘察，认定星宿海上源的三条支流扎曲、约古宗列曲和卡日曲为河源，其中最长的一支"阿勒坦郭勒河"为正源。"阿勒坦郭勒河"为蒙古语之音译，"阿勒坦"意为黄金，"郭勒"意为河，其水色黄，即为卡日曲。新中国成立后，确定玛曲为黄河之正源。

卡日曲、多曲、勒那曲、阿棚鄂里曲等。黄河在青海省内支流众多，集水面积 500 平方千米以上的一级支流 42 条，其他支流 40 条；集水面积 300 平方千米以上河流 120 条。河流总长 8510.5 千米。主要河流有达日河、泽曲、曲什安河、恰卜恰河、东河、隆务河、湟水、大通河、洮河和大夏河等。

巴颜喀拉山脉南麓是雅砻江源头所在。"雅砻江"藏语称"尼雅曲"，意为多鱼之水，古名"若水"，《山海经·海内经》载："南海之内，黑水青水之间，有木曰若木，若水出焉。"① 雅砻江源头扎曲在河源地区的集水面积达 4580 平方千米，流域面积近 13 万平方千米，东南流入四川石渠境内名为雅砻江，再南流入金沙江。

另外，巴颜喀拉山以北的黄河源头地区，大小湖泊有 5300 余个，集中分布在河流干支流两侧及低洼平坦的沼泽地带，大都面积小，但其分布密度大，尤以玛涌（滩）中的星宿海最为密集，有扎陵湖、鄂陵湖、星星海、阿拉克湖和托索湖（冬给措纳湖）等。

二　唐古拉山脉与长江等水系

唐古拉山脉是在中生代时，由羌塘地块向北与欧亚板块碰撞形成的山脉体系，与喀喇昆仑山脉相连，其西段为藏北内陆水系与外流水系的分水岭，东段则是印度洋和太平洋水系的分水岭。"唐古拉"藏语意为"高原上的山"，又称"当拉山"，蒙语意为"雄鹰飞不过去的高山"，山脉海拔高 6000 米左右，最高峰格拉丹冬海拔 6621 米。长江、澜沧江、萨尔温江都发源于唐古拉山脉南北两麓。

（一）长江

长江，我国古代称作"江"，汉魏、六朝以后始称"大江"或"长江"，全长 6397 千米，是亚洲第一长河，在世界大河中的长度仅次于非洲的尼罗河和南美洲的亚马孙河，居世界第三位。长江在河源地区内呈独立的 3 个水系，即干流通天河、支流雅砻江和大渡河。

"格拉丹东"藏语意为"高高尖尖的山峰"，是长江西源沱沱河的发源地。沱沱河在藏语中称为"玛尔曲"，意为"红色的河"；蒙古语称其为

---

① 《山海经》，方韬译注，中华书局，2011，第 343 页。

"托克托乃乌兰木伦"，意为"平静的河"。它的上源有东西两支水源，东支为格拉丹东雪山群西南侧的姜根迪如雪山下的冰川；西支为尕恰迪如岗雪山的西侧冰川融水，东西两支汇合为"纳欣曲"，与"切美曲"汇合后称为沱沱河。沱沱河流域内湖泊多达 2165 个，总面积为 300 平方千米。长江正源（南支）当曲，发源于唐古拉山脉东段霞舍日阿巴山东麓杂多县境内的沼泽之中。"当曲"在藏语中即"沼泽河"之意，当曲流域湖泊密布，河网纵横，降水丰富，是长江源头降水量最多的区域。当曲流至囊极巴陇，纳西源沱沱河称为通天河。

通天河，即通往天都的河。藏语称为"治曲"，意为"牦牛河"，古时认为源于犁牛石下。为长江源头干流河段，自长江正源当曲、西源沱沱河汇合点的治多县西部的囊极巴陇起，全长 828 千米。通天河在囊极巴陇汇合口下方的日所得陇纳北源楚玛尔河，流经河源地区治多县、曲麻莱县、称多县、玉树市 4 县市，至玉树市区结古镇西巴塘河口为止，以下始称金沙江。

（二）澜沧江

澜沧江是一条国际性河流，亚洲第三大河，世界第六大河，发源于唐古拉山北麓岗果日峰，其正源是由扎阿曲和扎那曲汇合而成的扎曲河，"扎曲"藏语意为"从山岩中流出的水"。它从西北向东南流经杂多县、囊谦县，在西藏昌都娘拉乡与昂曲汇合后始称澜沧江，"昌都"藏语意为"两河交汇之处"。澜沧江流至云南省南腊河口出境后改称湄公河，注入南海，全长 4500 千米。河源地区内澜沧江流域面积 37482 平方千米，其径流量占全省总径流量的 17.6%。该流域降水丰沛，河网密度大，流域面积 300 平方千米以上的支流有 33 条。扎曲是澜沧江正源，主要支流有子曲、解曲、巴曲等。

（三）萨尔温江（Salween）

又名丹伦江。发源于唐古拉山南麓的"那曲"，"那曲"藏语意为"黑色之水"，因水深黑色，中国最早的地理著作《禹贡》称其为"雍州黑水"。离开源头，至云南境内被称为"怒江"。流经西藏，也被称为萨尔温江或萨尔乌音河。

三 阿尼玛卿山脉与大渡河水系

阿尼玛卿山，史称"大积石山"或"玛积雪山"。"阿尼"，藏语意为"古老的、远古的"，并含有"山神"之意，"玛卿"藏语意为"黄河源头最大的山"。阿尼玛卿山走势呈西北东南向，主峰玛卿岗日的海拔高达7160米。阿尼玛卿山脉的东段横贯玛曲县腹地，迫使黄河沿山体的南、东、北环绕形成一个马蹄形大转弯，是为举世闻名的"黄河首曲"。①

阿尼玛卿山为青藏高原八大雪山之一，因常年积雪和丰富的地下裂隙溢流，为黄河提供了丰富的水源，也孕育了大量的大小支流。长江两大支流之一的大渡河，就发源于阿尼玛卿山脉的果洛山南麓。大渡河，古称北江、戢水、洩水等，全长1062千米，流经川西北高原、横断山地东北部和四川盆地西缘山地，流域面积大，水系呈羽毛状分布，历史上也被认为是长江支流岷江的正源。

四 可可西里山脉与楚玛尔水系

"可可西里"一词来源于蒙古语，意为"青色的山梁"。可可西里山（可可稀立山）是昆仑山脉南支，东西走向，长500千米，平均海拔6000米，西起海拔6973米的木孜塔格峰之南，东止于楚玛尔河与沱沱河间的青藏公路以西。东延接巴颜喀拉山，南沿与唐古拉山脉交界。主峰岗扎日耸立在可可西里核心区，海拔6305米，终年积雪。可可西里水系总流域面积45230平方千米，主要河流有曾松曲、切尔恰布藏、兰丽河、陷车河、库赛河等。

长江北源楚玛尔河源自可可西里山黑脊山南麓，"楚玛尔河"（曲麻莱河、曲麻河、曲麻曲），藏语意为"红水河"。楚玛尔河水系是昆仑山脉东段南坡一带的主要水系，其流域呈狭长状，自分水岭算起，全长为526.8千米，横卧于长江源区域北部，汇集昆仑山南坡之来水，流经叶鲁苏湖（藏语为"多尔改错"或"错仁德加"，意为石头湖），在曲麻莱县以西的楚拉地区注入通天河。楚玛尔河流域湖泊共有2156个，湖水面积210多平方千米，流域面积达2.08万平方千米。

长江源头和可可西里湖群区的湖泊多是第四纪冰期冰川活动的遗迹。

① 甘南藏族自治州地方史志编纂委员会编《甘南州志·地理志》，民族出版社，1999，第65页。

较大的湖泊有乌兰乌拉湖、西金乌兰湖、可可西里湖、赤布张湖、库赛湖、卓乃湖、勒斜武担湖、错仁德加湖、饮马湖和太阳湖等。

五 西倾山与洮河等水系

西倾山，"在今青海同德县东北，接甘肃夏河县界，即鲁察不拉山，一名强台山，又名西强山",[①] 属于昆仑山系巴颜喀拉山东北边缘支脉，亦是连接昆仑山与大秦岭的"接洽点"，历史上也称作"西恰山"。西倾山在藏语中被称为"碌恰布惹"，意为"出圣水之山"。最早可见于《禹贡》，《山海经》《汉书》《水经注》《元和郡县志》等历史文献中也有西倾山的详细记载。西倾山是黄河首曲后与大夏河、洮河、白龙江的分水岭，洮河、白龙江、大夏河分别发源于其东侧和北侧。

（1）洮河，藏语为"碌曲"，意为龙神之水（鲁神之水），是黄河上游右岸最大的支流，其河源出自西倾山东麓勒尔当，因此洮河也被称为"漒水"。洮河流域东以鸟鼠山、马衔山与渭河、祖厉河分水，西以扎尕梁与大夏河为界，北邻黄河干流，南以西秦岭迭山与白龙江为界。全长 673 千米，流域面积 25527 平方千米，在黄河各支流中，洮河年径流量仅次于渭河，居第二位。

（2）白龙江，藏语为"周曲"，"周"义为"龙"。古称桓水或羌水，《汉书·地理志》称为白水，源出西倾山，西流至城固县与白水江汇合，故亦称白水江，再流至昭化，概称为白龙江。《尚书·禹贡》载："厥贡璆铁银镂砮磬，熊罴狐狸织皮。西倾因桓是来，浮于潜，逾于沔，入于渭，乱于河。"[②] "织皮"，孔颖达疏引孙炎曰，"织毛而言皮者，毛附于皮，故以皮表毛耳"，今藏族游牧区仍在穿用"氆氇"，就是羊毛织成的上等褐衣。《晋书·后妃下·孝武文李太后》云："时后为宫人，在织坊中，形长而色黑，宫人皆谓之昆仑。"[③] 据此可知，《尚书·禹贡》所云"织皮昆仑、析支、渠搜，西戎即叙",[④] 意思是说昆仑、析支、渠搜三地[⑤]当时都是衣皮之

---

① 甘南藏族自治州地方史志编纂委员会编《甘南州志·地理志》，民族出版社，1999，第 27 页。

② 《尚书》，王世舜、王翠叶译注，中华书局，2012，第 72 页。

③ （唐）房玄龄等：《晋书》第 4 册，中华书局，2015，第 981 页。

④ 《尚书》，王世舜、王翠叶译注，中华书局，2012，第 75 页。

⑤ 李文实先生对此作《〈禹贡〉织皮昆仑析支渠搜及三危地理考实》（《中国历史地理论丛》1988 年第 1 期）一文。

民，为西戎族，以毛织物为贡品，意即熊罴、狐狸、织皮（梁州）同属各地贡品，由西倾山循着桓水而来。

（3）大夏河，藏语为"噶曲"，即古姬水，其北源多哇河（大纳昂、大纳囊）与姬水同出倾山，一入黄河，一入长江，分别成为黄帝部落和炎帝部落发展的源头。

第三节　历史视野中的"河源"与"江源"

"河源"与"江源"是生态地理上的概念，关于两者的称谓比较多，有"三江源"、"三江源区"、"江河源"和"江河源区"等名称，从严格意义上讲，它们各有不同的确切意指。"源"指江河的尽头，"区"泛指多个水系交织的区域，是一个范围概念，"源"与"区"合用则表示的是这一水系区域。

江河本是对河水的通称，但在先秦，河专指黄河。古人认为黄河是天下河流之宗，这在成书于先秦的《穆天子传》中有明显体现。《穆天子传》开篇便记载周穆王祭河的盛况：

> 天子授河宗璧，河宗伯天受璧，西向沉璧于河，再拜稽首。祝沉牛、马、豕、羊。
>
> 河宗□命于皇天子。河伯号之，帝曰："穆满，女当永致用时事！"南向再拜。
>
> 河宗又号之帝曰："穆满！示女春山之瑶，诏女昆仑□舍四，平泉七十，乃至于昆仑之丘，以观春山之瑶，赐语晦。"天子受命，南向再拜。[1]

河宗氏虽为一方诸侯，但在祭祀黄河时却直呼周穆王名字，且以河神身份命令穆王，充分显示了先秦时期人们对黄河的尊崇。东汉史学家班固非常重视江河的作用，尤其看重黄河的根基地位，《汉书·沟洫志》基本上是对黄河治理历史的梳理，并且指出"中国川原以百数，莫著于四渎，而河为宗"。[2]

---

[1] 《穆天子传》，高永旺译注，中华书局，2019，第25~27页。
[2] （汉）班固：《汉书》卷29《沟洫志》，中华书局，2007，第1698页。

一　关于"河源"

我国历史上对"河源"的地理考察和认识经历过一个相当长的时期，从"导河积石"到"河出星宿"再到测定正源，从战国迄今。

（一）导河积石

最早记载黄河源的历史典籍是成书于战国后期的《尚书·禹贡》，有"导河积石，至于龙门"之说，将黄河源地理位置确定在黄河上游的积石山附近，开"导河积石"说之源。

> 导河积石，至于龙门；南至于华阴，东至于底柱；又东至于孟津；东过洛汭，至于大伾，北过降水，至于大陆；又北播为九河，同为逆河，入于海。①

"导"可以解释为"溯源"，"导河"就是叙述黄河的起迄和流向。关于"积石"，在郦道元《水经注·河水注》中记述为，"（积石）山在陇西郡河关县西南羌中"，②反映的是东汉以后至西晋人们对"河源"的认识。河关县故地大约在今青海省贵德县西南一带，积石山指的就是循化县东的小积石山。③隋炀帝大业五年（609）曾出兵征服青藏高原东北部的吐谷浑，并设置河源郡，管辖范围大致相当于今共和、兴海、同德一带，此地为隋代人认识中的河源所在。唐代李吉甫撰《元和郡县图志》卷 39 "陇右道河州抱罕县条"记述："积石山，一名唐述山，今名小积石山，在县西北七十里。按河出积石山，在西南羌中，注于蒲昌海……故今人目彼山为大积石，此山为小积石。"④同卷"鄯州龙支县条"也记述："积石山，在县西九十八里。南与河州抱罕县分界。"⑤可见，时至唐朝，积石山已有大小之分。小积石山为今循化县东北黄河北岸的小积石山，而大积石山是今天的阿尼玛卿山。

---

① 《尚书》，王世舜、王翠叶译注，中华书局，2012，第 81 页。
② （北魏）郦道元著，陈桥驿校证《水经注校证》，中华书局，2007，第 22 页。
③ 参见顾颉刚注释《禹贡》，侯仁之主编《中国古代地理名著选读》第 1 辑，科学出版社，2005，第 38 页。
④ （唐）李吉甫：《元和郡县图志》（下），贺次君注解，中华书局，1983，第 564 页。
⑤ （唐）李吉甫：《元和郡县图志》（下），贺次君注解，中华书局，1983，第 567 页。

（二）河出昆仑

《山海经·海内西经》记述：

> 海内昆仑之虚，在西北，帝之下都。昆仑之虚，方八百里，高万
> 仞。上有木禾，长五寻，大五围。面有九井，以玉为槛。面有九门，
> 门有开明兽守之，百神之所在。
>
> ……
>
> 河水出东北隅，以行其北，西南又入渤海，又出海外，即西而北
> 入禹所导积石山。①

较《禹贡》成书稍晚的《山海经》将"百川之首""四渎之宗"②的黄河与
"三山五岳"的昆仑山相匹配，是为"河出昆仑"说。《尔雅·释水》河曲
条载："河出昆仑虚，色白。所渠并千七百一川，色黄。百里一小曲，千里
一曲一直。"③ 这是对黄河源头及河道远近曲直情况的介绍。

《山海经·西山经》记载，"西南四百里，曰昆仑之丘，是实惟帝之下
都，神陆吾司之。其神状虎身而九尾，人面而虎爪：是神也，司天之九部
及帝之囿时"。④《山海经》《禹贡》《庄子》《楚辞》《穆天子传》《管子》
《吕氏春秋》《淮南子》《史记》等古代史籍，都有关于昆仑的记载。据其
记载，昆仑在中国西方，接地轴，上通天极，众神由此上至天，号称帝之
下都。昆仑山上有各种各样的异鸟怪兽、奇珍异宝，还有各种让人长生
不死的仙药；此山高耸入天，非一般人所能登攀，而登上此山就能成为长生
不死的神仙。

西汉建元三年（前138），张骞奉汉武帝之命出使西域。《荆楚岁时记》
引《博物志》记载张骞奉命此行，不仅是出使西域，而且要寻找河源。他

---

① 《山海经》，方韬译注，中华书局，2011，第264、265页。
② 《尔雅·释水》水泉条载："江、河、淮、济为四渎。四渎者，发原注海者。"参见《尔
雅》，管锡华译注，中华书局，2014，第467页。
③ 《尔雅》，管锡华译注，中华书局，2014，第469页。
④ 《山海经》，方韬译注，中华书局，2011，第48页。

沿黄河西行数月，乘槎①经月亮至天河见到织女，并得织女所赠支机石②，从此有了黄河源头与天上银河相通的传说。③ 司马迁《史记·大宛列传》中记载了张骞向汉武帝报告其经历和听到的情况，其中有关河源的内容是这样记述的："于阗之西，则水皆西流，注西海。其东水东流，注盐泽。"④ 西汉元鼎二年（前115），张骞第二次出使西域，不仅实现了东西交通的"凿空"，而且开启了对青藏高原和河源地区的探索之路。《史记·大宛列传》又载：

> 而汉使穷河源，河源出于阗，其山多玉石，采来。天子案古图书，名河所出山曰昆仑云。⑤

于阗即今新疆和田一带，流经于阗的河流就是发源于昆仑山北麓的和田河，最终注入罗布泊，就是当时的盐泽。汉使的报告肯定了河源之所在，汉武帝确定了河源的山名为昆仑山。

（三）重源伏流

《山海经》包括《山经》和《海经》两部分。《山经》分东、西、南、北、中五方，按照明确的顺序和方位记录了26条共400余座山的物产，是一部典型的基于实地考察的山川地理博物志。其《北山经》认为黄河发源于昆仑山东北的敦薨山。

> 又北三百二十里，曰敦薨之山，其上多棕楠，其下多茈草，敦薨之水出焉，而西流注于泑泽。出于昆仑之东北隅，实惟河源。⑥

然后河水就潜入地下，《西山经》载："又西北三百七十里，曰不周之

---

① 指乘坐竹、木筏。
② 传说为天上织女用以支撑织布机的石头。
③ 参见（梁）宗懔，（隋）杜公瞻注《荆楚岁时记》，姜彦稚辑校，中华书局，2018，第57页。
④ （汉）司马迁：《史记》卷123《大宛列传》，中华书局，2011，第2752页。
⑤ （汉）司马迁：《史记》卷123《大宛列传》，中华书局，2011，第2756页。
⑥ 《山海经》，方韬译注，中华书局，2011，第77页。

山，……东望渤泽，河水所潜也，其原浑浑泡泡。"① 又在积石山冒出，"又西三百里，曰积石之山，其下有石门，河水冒以西南流"。②《海内西经》记述更为精练："河水出东北隅，以行其北，西南又入渤海，又出海外，即西而北，入禹所导积石山。"③ 学界较为一致的看法是，敦薨山为今天山东段，敦薨水就是今新疆的开都河，渤泽就是今罗布泊。按照《山海经》的记述，黄河正源为发源于天山东段的开都河，并在罗布泊潜入地下，到积石山再冒出地面。

班固所撰《汉书》成书于公元 1 世纪后期，其《西域传》也有关于"重源伏流"的记载：

> 西域……南北有大山，中央有河……其河有两原：一出葱岭山，一出于阗。于阗在南山下，其河北流，与葱岭河合，东注蒲昌海。蒲昌海，一名盐泽者也，去玉门、阳关三百余里，广袤三百里。其水亭居，冬夏不增减，皆以为潜行地下，南出于积石，为中国河云。④

《初学记》记述：

> 说文云，河者下也，随地下流而通也。援神契曰，河者水之伯，上应天汉。穆天子传曰，河与江淮济三水为四渎，河曰河宗，四渎之所宗也。按水经注及山海经注，河源出昆仑之墟，东流潜行地下，至规期山，北流分为两源，一出葱岭，一出于阗，其河复合，东注蒲昌海，复潜行地下，南出积石山，西南流，又东回入塞。⑤

由此可见，至迟至公元 1 世纪后期，人们对今新疆的塔里木水系与今循化小积石山以下的黄河径流已经有了较为准确的了解，并将河源、西域水系与西王母、昆仑之传说相联系，形成"重源伏流"之说。

---

① 《山海经》，方韬译注，中华书局，2011，第 43 页。
② 《山海经》，方韬译注，中华书局，2011，第 51 页。
③ 《山海经》，方韬译注，中华书局，2011，第 265 页。
④ （汉）班固：《汉书》卷 96 上《西域传》，中华书局，2007，第 961 页。
⑤ （唐）徐坚：《初学记》上册卷 6，中华书局，1962，第 119 页。

（四）河出星宿

由于青藏高原海拔高，地形复杂，气候恶劣，交通困难，所以古代中原与西域的来往一般取道于河西走廊，张骞与以后的汉使尽管亲历西域，考察了西域水系，却没有机会到达积石山上游的黄河。唐太宗贞观九年（635），李靖、侯君集与李道宗等追击青藏高原东北部的吐谷浑，到达柏海（经扎陵湖和鄂陵湖），进入河源地区。《新唐书·西域》记载：

> 君集、道宗行空荒二千里，盛夏降霜，乏水草，士糜冰，马秣雪。阅月，次星宿川，达柏海上，望积石山，览观河源。[①]

星宿川就是扎陵湖以上的星宿海。这是历史文献中有人进入河源地区并进行观览之明确记载。据《旧唐书·吐蕃》记载："贞观十五年，太宗以文成公主妻之，令礼部尚书、江夏郡王道宗主婚，持节送公主于吐蕃。弄赞率其部兵次柏海，亲迎于河源。"[②] 松赞干布也是在河源一带率领部下军队迎娶文成公主进藏的。

据《新唐书·贾耽》记载，贞元十四年（798），"耽乃绘布陇右、山南九州，具载河所经受为图，又以洮湟甘凉屯镇额籍、道里广狭、山险水原为《别录》六篇，《河西戎之录》四篇，上之"，[③] 完成了我国历史上第一部以黄河命名的著作《吐蕃黄河录》。贾耽曾任鸿胪卿，主持与各族往来和朝贡事务，熟悉边疆山川风土，勤于搜集有关资料。当时，吐蕃正值强盛，占有唐朝的陇西和河西走廊。贾耽不仅将陇右（陇西）、山南（今甘肃南部和四川西北）九州绘成《陇右山南图》，详细描绘了黄河流经地区的地貌情况，而且将这一带驻军、交通、道路、地形、险要等情况编成《别录》六篇，河西吐蕃等族的情况编成四篇，使得有关河源的知识和见闻得到了一定的传播。唐穆宗长庆元年（821），大理寺卿、御史大夫刘元鼎奉使前往吐蕃逻些（今西藏拉萨）会盟，归长安后著《使吐蕃经见纪略》，详细描述沿途山川地貌，对黄河河源地理状况的记述尤为详尽。不仅如此，《使吐蕃

---

① （宋）欧阳修等：《新唐书》卷221《西域》上，中华书局，1975，第3076页。
② （后晋）刘昫等：《旧唐书》卷196《吐蕃》上，中华书局，1975，第3632页。
③ （宋）欧阳修等：《新唐书》卷166《贾耽》，中华书局，1975，第2262页。

经见纪略·跋》中评价其意义曰：

> 虽篇幅不多，吉光片羽，亦足珍视……虽亦见于《册府元龟》及《全唐文》中，今重为选印，其重要义意有三：唐代中原与吐蕃地区，虽叠有战争，各有胜负，而友好关系，始终为主，二代公主之出嫁，结为亲眷，文化因之交流，经济得以促进，使臣往返，综唐二百余年，竟达九十余次之多，故史称"代为舅甥，日修邻好，虽曰两国，有同一家"之语。①

宋朝以后，吐蕃陷于长期分裂，宋朝政府也无暇顾及西北边疆，所以至今尚未发现任何有关该时期进入河源地区的记载。

元代起正式派员勘察河源。至元十七年（1280），元世祖派都实和他的堂弟阔阔出从河州（今甘肃省临夏市东北）出发探求河源，"阅四月，始抵河源，是冬还报，并图其城传位置以闻"。延祐二年（1315），潘昂霄根据阔阔出所言，撰成《河源记》。

> 河源在土蕃朵甘思西鄙，有泉百余泓，或泉或潦，水沮洳散涣，方可七八十里，且泥淖溺，不胜人迹，逼视弗克，旁履高山下视，灿若列星，以故名火敦脑儿。火敦，译言星宿也。群流奔凑，近五七里汇二巨泽，名阿剌脑儿。自西徂东，连属吞噬，广轮马行一日程，迤逦东鹜成川，号赤宾河。②

上述记载明确指出黄河发源于火敦脑儿（即星宿海），其下为阿剌脑儿（即扎陵湖和鄂陵湖）。元人陶宗仪将《河源志》收录于其所撰《南村辍耕录》，且附有一张《黄河源图》。《黄河源图》与《河源志》中对星宿海一带的地理情况所做的生动的描述完全相符，也是目前尚存有关河源地区最早的一幅地图。这一书一图，使人们对"河出星宿"有了更为深入的认识。

清朝康熙四十三年（1704）有拉锡、舒兰等人专门探求河源，皆证明

---

① 吴丰培辑《川藏游踪汇编》，四川民族出版社，1985，第7页。
② （元）潘昂霄：《河源记》，参见王云五主编《河源记及其他两种》（丛书集成初编），商务印书馆，1936，第1、2页。

黄河源出星宿海（今玛曲和卡日曲汇合口以西的一大片沼泽地，今名错岔）。清朝政府为了绘制全国舆图，还曾多次派人到河源实地测量，乾隆二十六年（1761），齐召南根据前人的考察和测量成果，编录成《水道提纲》一书，书中对黄河源及扎陵、鄂陵二湖的位置与名称由来，做了较为详细的记载：

> 黄河源，出星宿海西，巴颜喀喇山之东麓，二泉流数里，合而东南，名阿尔坦河……又东流数十里，折东北流百里，至鄂敦他拉，即古星宿海，元史所谓火敦脑儿者也。自河源至此，已三百里。……阿尔坦河东北汇诸泉水，北有巴尔哈布山西南流出之一水，南有哈喇答尔罕山北流出之水，来会为一道（土人名此三河曰古尔坂索尔马），东南流，注于查灵海。①

乾隆四十七年（1782），又派阿弥达"穷河源，祭河神"，据佚名作者的《湟中杂记》记载：阿弥达"四月初三至鄂敦他拉东界，即星宿海东……初六日望祭玛庆山。查看鄂敦他拉共有三溪流出"。② 今黄河在星宿海以西确有三条河相汇，分别是北支扎曲、西南卡日曲、西支约古宗列曲，与历史记载完全符合。

乾隆钦定的《河源纪略》记述：

> 考自古谈河源者，或以为在西域，或以为在吐蕃。各持一说，纷如聚讼，莫能得所折衷。推索其由，大抵所记之真妄，由其地，之能至不能至；所考之疏密，由其时之求详不求详。《山海经》称禹命竖亥，步自东极，至于西极，纪其亿选之数，其事不见于经传。见经传者，惟导河积石，灼为禹迹所至而已。故《禹本纪》诸书言河源弗详，儒者亦不以为信。汉通西域，张骞仅得其梗概，以三十六国不入版图故也。元世祖时，尝遣笃什穷探，乃仅至星宿海而止，不知有阿勒坦郭勒之黄水，又不知有盐泽之伏流。岂非以开国之初，倥偬草创，不

① （清）齐召南：《水道提纲》，胡正武校点，浙江大学出版社，2021，第87页。
② （清）蒋良骐：《东华录》，鲍思陶、西原点校，齐鲁书社，2005，第97页。

能事事责其实，故虽能至其地，而考之终未审钦！我国家重熙累洽，荒憬咸归。圣祖仁皇帝平定西藏，黄图括地，已大扩版章。我皇上七德昭宣，天弧奢定。天山两道，拓地二万余里，西通檬氾，悉主悉……与张骞之转徙绝域，潜行窃眺，略得仿佛者，其势迥殊。且自临御以来，无逸永年，恒久不已。乾行弥健，睿照无遗。所综核者，无一事不得其真；所任使者，亦无一人敢饰以伪。与笃什之探寻未竟，遽颟顸报命者，更复迥异。是以能沿溯真源，祛除谬说，亲加厘定，勒为一帙，以昭示无穷。①

由此可见，从战国黄河探源到有清以来，河源考察取得了长足的进展，反映了中华儿女对文明起源的不断追溯，探寻河源的意义在于华夏版图的确定，具有增强中华文化认同感的重要功能。

（五）测定正源

自清朝阿弘达以后，中国长期没有再进行黄河河源的考察工作。1952年8月，黄河河源查勘队经过4个多月的考察，获得了丰富的资料，并确认历史上所指的玛曲为黄河正源。1978年，青海省人民政府组织了对河源地区的综合考察，再次肯定黄河的正源应该为卡日曲，并根据卡日曲的长度重新测定黄河的全长是5464千米。

1985年，水利部黄河水利委员会根据历史传统和专家意见确认玛曲为黄河正源，并在约古宗列盆地西南隅的玛曲曲果，竖立了河源标志。2010年至2012年，我国开展了第一次全国水利普查，根据调查结果，修订黄河干流全长为5687千米。

从《禹贡》"导河积石"起，经过了两千多年的探寻，中华儿女终于认识了这条与中华民族息息相关的母亲河的真正源头。

二 关于"江源"

《尚书·禹贡》载："岷山导江，东别为沱。"②《汉书·地理志》又载："（蜀郡）湔氐道，《禹贡》〈崏〉山在西徼外，江水所出，东南至江都入

---

① （清）纪昀等：《钦定河源纪略》（全2册），中华书局，2016，第614页。
② 《尚书》，王世舜、王翠叶译注，中华书局，2012，第83页。

海，过郡七，行二千六百六十里。"① 因历史上有"岷山导江""江源于岷"之说，后人便将发源于岷山的嘉陵江、岷江当作长江上源。顾颉刚先生对此总结道："古人以嘉陵江为江源，所谓岷山，不是松潘的岷山，而是天水的嶓冢山。至汉代以岷江为江源，乃称嘉陵江为西汉水。于是将岷山移到松潘，将天水的岷山改为嶓冢，致使汉有东西两岷山，嶓冢也有两处。"②

南北朝时期北魏郦道元著《水经注·若水》篇中引《山海经》："巴遂之山，绳水出焉。东南流，分为二水，其一水枝流东出，径广柔县，东流注于江。"③ 若水即今雅砻江，若水与绳水汇合，其下流称为绳水，绳水就是今金沙江。但仍然尚未明确地把它们与江源联系起来。

1641 年，我国著名地理学家徐霞客溯金沙江而上进行实地考察，撰写《溯江纪源》（一作《江源考》）：

> 江、河为南北二经流，以其特达于海也。而余邑正当大江入海之冲，邑以江名，亦以江之势至此而大且尽也。生长其地者，望洋击楫，知其大不知其远；溯流穷源，知其远者，亦以为发源岷山而已。余初考纪籍，见大河自积石入中国。溯其源者，前有博望之乘槎，后有都实之佩金虎符。其言不一，皆云在昆仑之北，计其地，去岷山西北万余里，何江源短而河源长也？岂河之大更倍于江乎？迨逾淮涉汴，而后睹河流如带，其阔不及江三之一，岂江之大，其所入之水，不及于河乎？迨北历三秦，南极五岭，西出石门、金沙，而后知中国入河之水为省五，陕西、山西、河南、山东、南直隶。入江之水为省十一。西北自陕西、四川、河南、湖广、南直，西南自云南、贵州、广西、广东、福建、浙江。计其吐纳，江既倍于河，其大固宜也。
>
> 按其发源，河自昆仑之北，江亦自昆仑之南，其远亦同也。发于北者曰星宿海，佛经谓之徙多河。北流经积石，始东折入宁夏，为河

---

① （汉）班固：《汉书》卷 28 上《地理志》，中华书局，2007，第 295 页。
② 侯仁之主编《中国古代地理名著选读》第 1 辑，科学出版社，2005，第 67 页。
③ 《水经注》，陈桥驿译注，王东补注，中华书局，2009，第 294 页。

套，又南曲为龙门大河，而与渭合。发于南者曰犁牛石，佛经谓之殑伽河。南流经石门关，始东折而入丽江，为金沙江，又北曲为叙州大江，与岷山之江合。余按岷江经成都至叙，不及千里，金沙江经丽江、云南、乌蒙至叙，共二千余里，舍远而宗近，岂其源独与河异乎？非也！河源屡经寻讨，故始得其远；江源从无问津，故仅宗其近。其实岷之入江，与渭之入河，皆中国之支流，而岷江为舟楫所通，金沙江盘折蛮僚溪峒间，水陆俱莫能溯。在叙州者，只知其水出于马湖、乌蒙，而不知上流之由云南、丽江；在云南、丽江者，知其为金沙江，而不知下流之出叙为江源。云南亦有二金沙江：一南流北转，即此江，乃佛经所谓殑伽河也；一南流下海，即王靖远征麓川，缅人恃以为险者，乃佛经所谓信度河也。云南诸志，俱不载其出入之异，互相疑溷，尚不悉其是一是二，分北分南，又何由辨其为源与否也。既不悉其孰远孰近，第见《禹贡》"岷山导江"之文，遂以江源归之，而不知禹之导，乃其为害于中国之始，非其滥觞发脉之始也。导河自积石，而河源不始于积石；导江自岷山，而江源亦不出于岷山。岷流入江，而未始为江源，正如渭流入河，而未始为河源也。不第此也，岷流之南，又有大渡河，西自吐蕃，经黎、雅与岷江合，在金沙江西北，其源亦长于岷而不及金沙，故推江源者，必当以金沙为首。[1]

他认为长江发源于昆仑之南，并把江源追溯到金沙江上游之通天河。文中"犁牛"即牦牛，通天河藏语称为"治曲"，意译为"牦牛河"，不仅推翻了长江源出岷江的错误说法，而且贯通了《禹贡》以来所未能阐明的问题。

清代，朝廷"屡遣使臣，往穷河源"，但因巴颜喀拉山南麓河流众多，密如蛛网，只用"江源如帚，分散甚阔"笼统描述。

新中国成立以后，开始真正探寻长江源头。1956 年 8 月，由长江水利委员会组织人力到长江源头的曲麻莱等地实地查勘，勘定长江之南源为发源于唐古拉山北麓的木鲁乌苏河，北源为发源于可可西里山南麓楚玛尔河，

---

[1] 《徐霞客游记》（全 4 册），朱惠荣、李兴和译注，中华书局，2015，第 2829~2832 页。

但仍未找到真正的发源地。1977 年，组织江源考察队，再次考察长江源头地区，确定长江的源头是发源于唐古拉山北麓的格拉丹冬冰峰下的沱沱河，并被广泛熟知。

2008 年，青海省三江源头科学考察队历经 41 天的实地考察后，利用全球卫星定位系统、地理信息系统、遥感科技等先进技术，最终确定长江正源为当曲，长江源区水系由北支楚玛尔河水系、西支沱沱河水系、南支当曲三支水系构成。

三 河源是人类文明的重要源头

著名历史学家汤因比（Arnold Joseph Toynbee）认为，人类的任何一种文明的产生都受其所处环境的深刻制约和影响。文明起源的秘密是对比较严峻的自然环境的挑战所做出的勇敢应战。他认为，苏美尔文明起源于苏美尔人对幼发拉底与底格里斯两河流域的丛林沼泽地的挑战，人们利用排灌来应对自然的挑战，由此产生了人类第一个地区文明；同样，法老时代的埃及人在开发尼罗河下游河谷及三角洲的丛林沼泽过程中，创造了人类最古老的第二个地区文明。"如果我们现在研究一下古代中国文明的起源，我们发现人类在这里所要应付的自然环境的挑战要比两河流域和尼罗河的挑战严重得多。人们把它变成古代中国文明摇篮地方的这一片原野，除了有沼泽、丛林和洪水的灾难之外，还有更大得多的气候上的灾难，它不断地在夏季的酷热和冬季的严寒之间变换。"① 在他看来，正是由于人类的祖先接受了自然环境的严酷挑战，才创造了不同类型的文明。

"欲流之远者，必浚其泉源"，河源地区素有三江源之称，是生命之源、文明之源。长江、黄河是中华民族的母亲河，孕育了璀璨的华夏文明；澜沧江是重要的国际河流，一江通六国，是国家和民族友谊的纽带。黄河和长江流域的东方两河文明与尼罗河流域的古埃及文明、两河流域（底格里斯河和幼发拉底河）的美索不达米亚文明、印度河流域的古印度文明亦并称为世界四大古文明。在漫长的大浪淘沙过程中，其他的大河文明都消亡了，只有黄河长江流域的中华文明得以留存，成为世界上迄今为止唯一没

---

① 〔英〕阿诺德·汤因比：《历史研究》上卷，刘兆成、郭小凌译，上海人民出版社，2005，第 61 页。

有衰微的大河文明。

　　除去黄河、长江、澜沧江，还有诸多河流源自河源地区，河源地区是孕育中华文明的摇篮。在漫长的历史发展时期，河源地区的各种文化曾在一定程度上保持着各自相对独立又相互交融的发展模式，从而形成了具有明显特色的文化体系。

第二章

青藏高原河源文化与中华文明

河源地区是中原通往中亚、西藏的孔道，儒家文化、佛教文化、伊斯兰文化、道家文化在此交融汇集，与欧亚文明相关联，是多种文明重构的时空交互节点。河源地区拥有悠久的人类文明发展史，并非人们心目中的文化孤岛。

第一节　河源地区与上古文明

"水是万物之母、生存之本、文明之源"，从人类文明发展历程看，江河承载着丰富的地理、生物和文化遗产，蕴含着生物和文化的多样性，为生物群提供重要生命支撑，一直被认为是人类文明的摇篮。钱穆曾指出："人类文化的最先开始，他们的居地，均赖有河水灌溉，好使农业易于产生，人类文化始易萌芽。"[①] 北回归线以北的尼罗河、幼发拉底河、底格里斯河、恒河、黄河、长江，都孕育过伟大的文明，都是今天世界文明的重要源头，被誉为"大河文明"。

一　河源地区早期人类活动

河源地区所在的青藏高原在2亿多年以前是一片汪洋大海，地壳运动使之由北而南逐渐退水为陆。其在距今7000万年的新生代时期，由陆地变为高原。距今约3000万年的始新世末期，爆发了著名的"喜马拉雅运动"，结束了青藏地区水下生活的历史，开始了更快更高的崛起历程。2016年科研人员在青藏高原伦坡拉盆地的地层中，采集到一片距今2500万年的珍贵棕榈叶片化石标本，表明了青藏高原生物种类丰富。现在的青藏高原是印度板块向北俯冲，撞击亚洲板块的结果，是地壳重叠、增厚、抬高的结果，是上新纪以来几百万年间强烈隆起的结果。[②]

青藏高原隆起时期，也是人类由古猿转化为人的关键时期，该地区成为人类的发祥地之一。德国人类学家阿玛顿·格列本曾指出，第三纪晚期青藏高原隆起，蒙藏地区森林消灭，迫使人类的远祖——古猿从森林转入地面生活，逐渐演变为现代的人类。贾兰坡认为："正当从猿转变到人期间，青藏地区仍然是适合人类演化的舞台，到那里寻找从猿到人的缺环也是有希望的。"[③] 而藏族古老传说中的"猕猴传人故事"很有可能就是学者们科学推测的印证。

---

① 钱穆：《中国文化史导论》，商务印书馆，1994，第23页。
② 任美锷主编《中国自然地理纲要》（修订版），商务印书馆，1985，第364页。
③ 贾兰坡：《我国西南地区在考古学和古人类研究中的重要地位》，《云南社会科学》1984年第3期，第46页。

　　大量的历史文献和考古发掘结果表明，河源地区很早就出现了人类活动的痕迹。世界顶级学术期刊《自然》杂志刊发了中国科学院青藏高原研究所等多家科研单位的合作研究成果：研究人员通过对人类下颌骨化石上附着的碳酸盐结核进行铀系法测年，鉴定该下颌骨为至少有 16 万年历史的丹尼索瓦人下颌骨。丹尼索瓦人是一支已经消失的神秘古人类，过去对他们的了解主要基于仅出土于西伯利亚丹尼索瓦洞的少量化石碎片以及保存在其中的高质量的古基因信息。遗传学研究显示，丹尼索瓦人对一些现代低海拔东亚人群和高海拔现代藏族人群有基因贡献，对现代藏族人群具备高海拔环境适应能力有重要意义。该项研究表明，在现代智人到来之前，丹尼索瓦人在中更新世晚期就已经生活在高海拔地区，并成功地适应了高寒缺氧环境。也就是说，早在 16 万年前，人类就已经在苦寒的世界屋脊上留下狩猎、采集的生存足迹，并在这里劈石为矛、追逐野兽，开辟了最原始的人群通道，将青藏高原最早史前人类活动时间向前推进了 12 万年。

（一）旧石器时期

　　1956 年秋，中国科学院地质研究所赵宗溥先生等在长江源头的可可西里、沱沱河沿岸和柴达木盆地的格尔木河上游的三岔口，发现了一批旧石器时代晚期的打制石器，而且这批打制石器多分布在通天河上游及其支流河谷的两岸，从此揭开了河源地区考古学的序幕。[①] 1959 年秋，青海省地质局水文地质工程地质队在海南州共和县恰卜恰河岸的砂砾石层中，采集到一批哺乳动物化石，其中中国鬣狗和三门马的标本较多。1980 年夏，青海省文物考古队在青海湖以南曲沟地区的托勒台采集到一大批旧石器时期的打制石器。1982 年夏，中国和澳大利亚盐湖与风成沉积考察队在柴达木盆地小柴旦 8~13 米深的古湖滨砂砾层中，发现了旧石器时期的原生层位，出土了石质刮削器、砍斫器、刻具和钻具，经现代技术测定，距今约有 3 万年的时间。[②] 专家认为，这些石器的组合和制作方法，与周口店"北京人"有相似之处。1993 年，格尔木市以南 130 多千米处的东昆仑山发现了古人类使用过的烧土及四层炭屑，以及一些经人工磨制的精巧的贝壳装饰品和石

---

① 邱中郎：《青藏高原旧石器的发现》，《古脊椎动物学报》1958 年第 2、3 期合刊，第 78 页。
② 贾兰坡等：《三十六年来的中国旧石器考古》，文物出版社编辑部编《文物与考古论集》，文物出版社，1986，第 10 页。

器。也就是说，旧石器时期人类已经较为广泛地生活在柴达木盆地、长江源头沱沱河沿岸、可可西里、东昆仑山等许多今日被视为"生命禁区"的不毛之地。

1980 年夏，青海省文物考古队在贵南县拉乙亥乡发现 6 处文化遗存，其中一处的出土文物以打制的细石片居多，从石器的琢修技术来看，拉乙亥遗址位于共和盆地的中部，是旧石器时代向新石器时代过渡阶段的文化遗存。而在距今 8000～3000 年的新石器时代，河源地区的原始文明已经相当发达。其重要的标志是：粟黍农业人群在距今 5200 年就已经开始从黄土高原向西扩散到青藏高原东北部，在新石器晚期大规模定居于海拔 2500 米以下的青藏高原河谷地带。

（二）新石器时期

新石器时期文化主要是马家窑文化，主要分布在黄河上游甘青地区。20世纪 20 年代由瑞士学者安特生发现而著称于世。马家窑文化遗存在河源地区分布得相当广泛，东起甘青交界，西至黄河河曲的兴海、同德，北入大通、南达黄南藏族自治州的隆务河流域，共有 200 余处。经过发掘的有大通县上孙家寨、乐都区脑庄、民和县核桃庄、贵南县孕马台、麻尼湾和烧炭沟等地。在这些文化遗存的墓葬中发现了许多不产于青海的海贝、蚌壳、绿松石等，这些物质在原始的交换行为中既象征着财富，又充当着交换媒介，是新石器晚期河源地区与外界交流与交往的标志。马家窑文化尤其以精彩绝伦的彩陶制作著称于世，与仰韶文化、大汶口文化齐名，是黄河流域史前时期三大彩陶中心之一。纹饰繁复、构图精美、风格独特是其主要特征，其中最流行的纹饰是四大圆圈纹、蛙纹和菱形纹，彩陶上常绘有"+""－""×""｜""〇""≠""卐"等具有记事功能的符号，比甲骨文还要早 1000 多年，被称为我国最早的原始文字。

（三）青铜器时期

青铜器时期的文化主要有齐家文化[①]、卡约文化[②]、辛店文化[③]和诺木

---

① 1924 年首次发现于甘肃广河县齐家坪而得名。
② 1923 年首次发现于青海湟中县卡约村而得名。
③ 1924 年首次发现于甘肃临洮县辛店村而得名。

洪文化①。齐家文化被认为是对马家窑文化马厂类型的继承和发展，其分布范围，东起泾水、渭河流域，西至青海湖畔，南抵白龙江流域，北入内蒙古阿拉善左旗。截至20世纪末，"调查登记的齐家文化遗存达430余处，以青海民和、乐都、循化、化隆诸县分布最多"。② 这一时期出现的冶铜业突破了若干万年的制石工艺，宣告历史从此进入青铜器时代。尤其是贵南县尕马台出土的青铜镜，直径为9厘米，厚度为0.4厘米，含锡量约为10%，是迄今我国发现最早的一面青铜质铜镜，在我国古代冶金史上具有划时代的意义。

卡约文化是河源地区分布面积最广、遗址数量最多的青铜时代文化，可以说，阿尼玛卿山以北、祁连山以南、柴达木盆地以东的河源地区均分布有卡约文化，主要集中在自然条件较好的湟水流域和黄河河曲以东地区。已经调查登记的遗存达1766处，仅湟中一县就达300余处。卡约文化被认为是齐家文化的延续和发展，因发掘地点资料的差异，学术界在其分型和分期上有不同的观点：第一种观点认为卡约文化分为两个类型，即以大通县上孙家寨墓地为代表的上孙类型，和以循化县阿哈特拉墓地为代表的阿哈特拉类型。第二种观点认为卡约文化为三个类型，即以传统的卡约文化为一个类型的卡约类型，以大通县上孙家寨为一个类型的上孙类型，以循化县阿哈特拉墓地为代表的阿哈特拉类型。第三种观点认为卡约文化分为四个类型，即包括上述第二种观点的卡约类型、阿哈特拉类型、上孙类型，和以湟源大华中庄为代表的大华中庄类型。这一时期青铜生产工具的广泛使用，使得整个社会的生产力得以大幅度提高，同时又有大规模的畜牧业经济产生，是先民适应河源地区自然环境、征服自然能力提高的表现。

以孙家寨、柳湾和核桃庄等遗址为主的辛店文化，其分布地带的中心是洮河和大夏河流域，湟水下游的民和县、乐都区地区有较多分布，但总数没有超过百座。与卡约文化一样，辛店文化也是从齐家文化发展而来的，年代约为公元前1235年至公元前690年，基本上与卡约文化同时代，与其在文化特点上有交叉，是与其相互影响渗透很深的另一个文化体系。

诺木洪文化以搭里他里哈遗址为主，其分布范围为柴达木盆地，以及

---

① 1959年首次发现于青海都兰县诺木洪而得名。
② 国家文物局编《中国文物地图集·青海分册》，中国地图出版社，1996，第18页。

其东南部的都兰、乌兰两地，年代距今约 2900 年。从塔里他里哈遗址的发掘成果来看，当时的畜牧业比较发达，遗址中有饲养牲畜的圈栏，圈栏里有大量的羊粪堆积，也夹有牛、马和骆驼的粪便。[①] 圈栏入口处发现的两件残木车毂，说明河源地区的古代交通业进入了一个崭新的历史时期。一般认为，诺木洪文化是卡约文化的一个地域类型。

青铜器时期的卡约文化、辛店文化和诺木洪文化从时间及地理分布上来看，被认定为广泛分布在河源地区的羌人所创造的文化。这一点业已成为学术界的共识。

二　河源地区的原始文化遗存

1800 年以前，人们对于古代世界的认识只能通过散布在为数不多的古代典籍中的朦胧而零星的知识来获得，由于时间久远，它们历经风雨，辗转保留至今，其中不乏错误与遗漏。众所周知，系统的现代考古学开始于拿破仑·波拿巴将军率领法国军队出征埃及期间。在伟大的埃及考古之后，失落的文明被重新发现，完全改变了人们对古代世界的认识。玉石器、岩雕、彩陶等这些耳熟能详的史前人工制品，虽然与"为艺术的艺术"[②] 相区别，被称为"生存的艺术"，但是史前人类对材料、器形的选择，对纹饰、色彩的运用，以及采用的制作方法等充斥着奇思妙想，这些人工制品的制作过程就是一个充满想象的创造过程，催生了文明史上的艺术灵感、艺术技巧和审美心理，是河源文化的重要组成部分。如裴文中先生所言："青海区域为史前文化交流之中心，是以各文化中心发达之各种文化，皆向青海境内传布，而相遇于此，彼此混合，以自然地理之形势观之，此似为可能之现象。"[③]

（一）会说话的玉石器

玉石器，被许慎称为具有"五德"的"石之美者"。史前时期，玉石不分家，美石即为玉。故将河源地区出土的史前时期之玉器统称为玉石器。

---

① 青海省文物管理委员会、中国科学院考古研究所青海队：《青海省都兰县诺木洪搭里他里哈遗址调查与试掘》，《考古学报》1963 年第 1 期，第 25 页。

② "为艺术的艺术"指的是雕塑、绘画、音乐、舞蹈、建筑等，参见〔英〕罗宾·乔治·科林伍德《艺术原理》，王至元、陈华中译，中国社会科学出版社，1985，第 15 页。

③ 裴文中：《史前时期之西北》，山西人民出版社，2015，第 15 页。

从表2-1中可以看出，新石器时代齐家文化中出土的玉石器数量可观、品质精良。近些年，考古所见齐家文化的遗存分布范围非常广泛，河源及其支流洮河、大夏河、湟水等水系流域都有所分布，以行政区划定位，则地跨甘、青、宁、内蒙古四个省区，东西长达800多千米。① 夏鼐先生按照玉石器的形制及功能，将其主要分为礼器之玉、武器工具和装饰品三大类。②

表2-1　河源地区出土史前时期玉石器概览

单位：件

		旧石器时代	新石器时代		青铜器时代			
			马家窑文化	宗日文化	齐家文化	卡约文化	辛店文化	诺木洪文化
礼器之玉	玉璧（芯）				19			
	玉瑗				10			
	玉琮芯				2			
	三联璜玉璧				3			
武器工具	玉锛				13	1		
	玉钺				6			
	玉斧				8			
	玉刀				6	1		
	玉凿				14			
装饰品	水晶质石器（饰）	25		4				
	玛瑙质石器（饰）	30	2	47	5	150	29	1
	绿松石饰		266	225	243	150	29	
	天河石饰				2			

资料来源：夏鼐《商代玉器的分类、定名和用途》，《考古》1983年第5期，第456页。

《周礼》之春官宗伯记载：

> 以玉作六器，以礼天地四方。以苍璧礼天，以黄琮礼地，以青圭

① 谢端琚：《甘青地区史前考古》（20世纪中国文物考古发现与研究丛书），文物出版社，2002，第114页。
② 参见夏鼐《商代玉器的分类、定名和用途》，《考古》1983年第5期，第456页。

礼东方，以赤璋礼南方，以白琥礼西方，以玄璜礼北方。皆有牲币，各放其器之色。①

郑玄对此注释曰："礼神者必象其类；璧圜，象天；琮八方，象地；圭锐，象春物初生；琥猛象秋严；半璧曰璜，象冬闭藏，地上无物，唯天半见。"用苍璧、黄琮、青圭、赤璋、白琥、玄璜六种玉器（即六器，如图 2-1 所示），祭祀六宗（六方之神），包括天神、地神、四方之神。

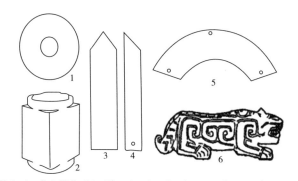

图 2-1 "六器"（1. 璧，2. 琮，3. 圭，4. 璋，5. 琥，6. 璜）

资料来源：夏鼐：《商代玉器的分类、定名和用途》，《考古》1983 年第 5 期，第455 页。

"璧"，是贵族朝聘、祭祀、丧葬用的礼器之一。它外圆内方，象天之形，其中苍璧是青色的玉璧，是天子祭天所荐之玉。《说文解字》中记，"璧"，"肉倍好"；"瑗"，"好倍肉"；"环"，"肉好若一"。"肉"为周围之边缘，"好"为中间之孔洞。璧、瑗、环三者以肉好之比例区分，因此，学术界将三者统称为璧环类，或简称为"玉璧"（如图 2-2、图 2-3、图 2-4所示，分别为河源地区齐家文化中的玉璧芯、玉璧、玉环）。"琮"，外方内圆，象地之形。关于其含义，有"是天地贯通的象征"② 之说，也有"是神祇或祖先的象征"③ 之说（如图 2-5 所示）。

① 《周礼》（上），徐正英、常佩雨译注，中华书局，2014，第 411 页。
② 张光直：《谈"琮"及其在中国古史上的意义》，文物出版社编辑部编《文物与考古论集》，文物出版社，1986，第 254 页。
③ 邓淑苹：《由"绝地天通"到"沟通天地"》，《台北故宫文物月刊》1988 年第 10 期，第56 页。

图 2-2　齐家文化玉璧芯

注：青海省民和县喇家遗址出土，现藏于青海省文物考古研究所。

资料来源：古方等：《中国出土玉器全集》第 15 卷，科学出版社，2005，第 146 页。

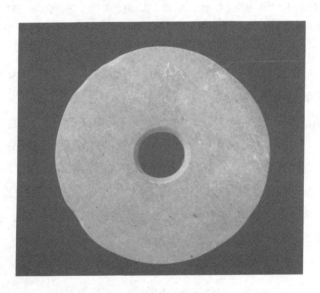

图 2-3　齐家文化玉璧

注：青海省民和县马营乡马家村阳坡遗址出土，现藏于青海省博物馆。

资料来源：古方等：《中国出土玉器全集》第 15 卷，科学出版社，2005，第 125 页。

图 2-4　齐家文化玉环

注：青海省民和县喇家遗址出土，现藏于青海省博物馆。

资料来源：古方等：《中国出土玉器全集》第 15 卷，科学出版社，2005，第 127 页。

图 2-5　齐家文化玉琮芯

注：青海省民和县喇家遗址出土，现藏于青海省文物考古研究所。

资料来源：古方等：《中国出土玉器全集》第 15 卷，科学出版社，2005，第 147 页。

《周礼》中对"六器"的具体功用及其区别有详细的记述。

《春官宗伯第三》载：

> 以玉作六瑞，以等邦国。王执镇圭，公执桓圭，侯执信圭，伯执躬圭，子执谷璧，男执蒲璧。①

镇圭、桓圭、信圭、躬圭、谷璧、蒲璧为玉制的信物，称为"六瑞"，用以区分公、侯、伯、子、男之不同等级。

《冬官考工记第六》载：

> 璧羡度尺，好三寸，以为度。圭璧五寸，以祀日、月、星、辰。璧、琮九寸，诸侯以享天子。谷圭七寸，天子以聘女。②

> 大璋、中璋九寸，边璋七寸，射四寸，厚寸，黄金勺，青金外，朱中，鼻寸，衡四寸，有缫。天子以巡守，宗祝以前马。大璋亦如之，诸侯以聘女。③

> 琰圭、璋八寸，璧琮八寸，以眺聘。牙璋、中璋七寸，射二寸，厚寸，以起军旅，以治兵守。驵琮五寸，宗后以为权。大琮十有二寸，射四寸，厚寸，是谓内镇，宗后守之。驵琮七寸，鼻寸有半寸，天子以为权。两圭五寸有邸，以祀地，以旅四望。瑑琮八寸，诸侯以享夫人。④

璧的直径长为一尺，中央的圆孔直径三寸，用作长度标准。璧、琮、圭、璋不同"器"之功用与区别则如表2-2所示。

① 《周礼》（上），徐正英、常佩雨译注，中华书局，2014，第409页。
② 《周礼》（下），徐正英、常佩雨译注，中华书局，2014，第954页。
③ 《周礼》（下），徐正英、常佩雨译注，中华书局，2014，第955页。
④ 《周礼》（下），徐正英、常佩雨译注，中华书局，2014，第957页。

表 2-2 "器""用"之别

器	用
直径五寸的圭璧①	祭祀日月星辰
直径九寸的璧	诸侯朝见天子时用以进献天子
边长九寸的琮	诸侯朝见天子时用以进献天子
长七寸的谷圭②	天子用以向将迎娶的女方行聘礼
长九寸的大璋	天子用以巡狩天下时祭祀所经过的山川
长九寸的大璋	诸侯用以向要迎娶的女方行聘礼
长九寸的中璋	天子用以巡狩天下时祭祀所经过的山川
长七寸的边璋	天子用以巡狩天下时祭祀所经过的山川
长八寸的琢③圭	诸侯向王行眺④礼、聘⑤礼用的
长八寸的琢璋	诸侯向王行眺礼、聘礼用的
直径八寸的琢璧	诸侯向王行眺礼、聘礼用的
边长八寸的琢琮	诸侯向王行眺礼、聘礼用的
边长八寸的琢琮	进献给所朝聘国君夫人的
长七寸的牙璋	调派和调动军队
长七寸的中璋	调派和调动军队
边长十二寸的大琮	由王后执守
边长七寸的驵琮⑥	天子用作秤锤
长五寸而有邸⑦的两圭	祭祀地与四方的名山大川

注：①一种特殊的玉器，形如从璧上伸出一圭，古代诸侯祭祀、朝会时用作符信。
②一种刻饰有谷状纹饰的圭。
③玉器上雕刻的隆起纹饰。
④诸侯的大夫定期前来，叫眺。
⑤天子不定期有事而特地前来，叫聘。
⑥系有丝带的琮。
⑦指中央的琮。
资料来源：笔者根据资料整理而得。

（二）生动的岩雕

岩画艺术也被称为"岩面艺术"（Rock Art），北魏地理学家郦道元（470~527）在《水经注》中称之为"画石"，是没有文字的史前时期，先民们记录意识、语言、行为的主要载体之一，大多数岩画绘刻在未经人工修整的自然洞窟、露天岩石或峭壁岩阴上，是世界性的原始艺术。19 世纪后期，位于西班牙北部和法国西南部的"法兰克-坎塔布利亚"（Franco-Cantabrian）地区的洞窟岩画被发现后，在亚洲、非洲相继发现了岩画，中国是岩画分布最多、地域最广者。

20 世纪初期，英国学者弗朗柯（A. H. Francke）在青藏高原西部与尼泊尔交界处拉达克发现的岩画，是最早被提及的青藏高原古代动物岩画，[1] 岩画内容有鹿、北山羊和狩猎野牛等。[2] 1941 年，著名的意大利藏学家图奇（Giuseppe Tucci）在河源地区也发现古代动物岩画："雕刻在巨大花岗岩上的一般动物，经常出现的是大角羊，还有骑在马背上的人、进行战斗的武士。"[3] 1949 年美国学者史密斯（N. Smith）对拉达克岩画进行全面拍摄，出版《西藏的金色之门》（Golden Doorway to Tibet）一书。藏族古代文献，如《青史》《西藏王统记》等也曾辑录过古代动物岩画。藏族人认为其是从"石头里天然长出来的"，对此附以种种神话传说，充满敬畏之情。

20 世纪开始的青海境内岩画调查工作表明，河源地区的岩画艺术多集中在海西、海南和海北州，这些地区一般海拔较高，多为传统的游牧区。就目前发现情况来看，岩画的主要内容与世界其他地区的岩画是一致的，主要是动物题材、战争题材和原始宗教题材。从以凿刻和涂绘为主形成的岩画风格特征来看，其与欧亚草原上其他地区的岩画之间存在密切的关系，是游牧文化的一个重要组成部分。但是，河源地区在特殊的自然环境和文化环境下，因绘制时间、地点的不同，其赋型、细节处理和艺术手法也不尽相同（见表 2-3）。

表 2-3　河源地区主要岩画艺术

	岩画名称	岩画地点	岩画题材	岩画年代
玉树州	贝纳沟岩画	结古镇南 20 千米处	佛像	唐代
	勒巴沟岩画	结古镇勒巴沟沟口	场景图：文成公主礼佛等	

[1] A. H. Francke, *Notes on Rock-carvings from Lower Ladakh*, The Indian Antiqary, 1902, pp. 394-401.

[2] A. H. Francke, *Felseninschriften in ladakh*, Sitzungsberichte der preussischen Akademie der Wissenschaften Phil. -Hist. Klasse, 1925, pp. 366-370.

[3] G. Tucci, *Gyantse ed l suoi monasteri*, Indo-Tibetica III.

续表

	岩画名称	岩画地点	岩画题材	岩画年代
海北州	舍布齐岩画	刚察县泉吉乡立新大队舍布齐沟口山顶	1. 动物形象：牦牛、鹿、羊、马、狼、飞鹰等 2. 人物形象：骑马者、猎人 3. 场景图：狩猎	青铜器时期
	海西沟岩画	刚察县泉吉乡海西沟	动物形象：虎、牦牛	
	哈龙沟岩画	刚察县岩吉尔孟乡哈龙沟	动物形象：牦牛、鹿、狼、羊、马、双峰驼	
海西州	野牛沟岩画	格尔木市西南郭勒木得乡昆仑山脚下	1. 动物形象：牦牛、鹰、鹿、狍子、北山羊、马、双峰驼 2. 人物形象：骑者、巫师、鸟首舞者、牵骆驼者 3. 其他：日、月、车 4. 场景图：牧牦牛、猎牦牛（如图2-6所示）、群舞、马拉车（如图2-7所示）	
	卢山岩画	天峻县江河乡卢山山顶岩盘上	1. 动物形象：牦牛、鹿、鹰、虎、豹、野猪 2. 人物形象：奔跑者、角斗者、交媾者 3. 场景图：车猎（如图2-8所示）、搏斗（如图2-9所示）、生殖、狩猎（如图2-10所示）	青铜器时代中晚期
	拉哈其布切岩画	德令哈市怀头他拉乡西北约40千米处的拉哈其布切沟	1. 动物形象：牦牛、驴、羊、马、狼、单峰驼、蛇、蜥蜴、犬、鹰 2. 人物形象：骑马者、系尾人 3. 其他：吉祥结、藏文符号、太阳、㞍字符、花朵、蹄印、棋格、神格面具（如图2-11所示）	青铜器时期

续表

	岩画名称	岩画地点	岩画题材	岩画年代
海西州	巴厘岩画	乌兰县巴音乡的巴厘河滩	1. 动物形象：羊、鱼、犬、 2. 人物形象：猎人、 3. 其他：日、月、卐字符 4. 场景图：狼逐鹿、犬吠日	
	巴哈默力岩画	巴哈默力岩画。位于海西州都兰县香加乡东12千米	1. 动物形象：骆驼、山羊、狗、鹿、蛇、羊、马、獐 2. 其他：太阳、三角形、长方形、镰刀	
	蓄集岩画	乌兰县蓄集乡南约15千米处的察汗以没台	1. 动物形象：牦牛 2. 场景图：射猎	青铜器时代
	天棚岩画	天峻县天棚乡鲁芒沟	场景图：虎逐牛羊、兽逐	距今约3000年
海南州	和里木岩画	共和县发吉乡然呼曲村东15千米左右的和里木	1. 动物形象：牦牛、驴、虎、狗、马、狍子、鹿 2. 人物形象：人、骑马者 3. 场景图：牧牛马、人骑驴、骑马射箭	
	切吉岩画	共和县切吉乡南13千米处的卢阿龙河当山顶	动物形象：羚羊、狼、牦牛	
	中布滩岩画	共和县切吉乡西5千米处	动物形象：牦牛、鹿、羚羊等	

资料来源：笔者根据资料整理而得。

青海湖北岸海北藏族自治州刚察县境内发现一处彩绘手印岩画，此处为高山牧场，岩画以13个红色颜料喷绘而成的手印图案为主，均属阴纹，且皆为成人手印，这在河源地区尚属首次。手印岩画是所有岩画中最古老的一种表现形式，在亚洲、欧洲、非洲、北美洲等均有发现。从现存河源地区岩画来看，主要以动物图案为题材是其突出特点，其中牦牛、骆驼、鹿、鹰是最具地域特色的动物图案，牦牛图案的出现频率最高，上述岩画900 多个图像中 1/3 是牦牛。尤其是野牛沟岩画 250 多幅图像几乎一半是牦牛，内容丰富多彩，野牛沟位于青海省海西州格尔木市郭勒木得乡西北约70 千米处的昆仑山的一个峡谷地带，地处昆仑山的入口。舍布齐岩画中的牦牛造型各异（如图 2-12 所示）；人物形象中以骑马者为主；场景图中以狩猎，尤其以猎牦牛为主。例如卢山岩画中最富特色的另一种形象就是鹿，其造型栩栩如生，打磨精细，线条流畅。岩画中呈现出两种不同类型的鹿，一种是鹿角长度与身体相若的鹿，另一种是嘴为鸟喙形的鹿，这两种鹿均带有浓郁的斯基泰艺术的风格（如图 2-13 所示）。

图 2-6　野牛沟岩画中的猎牦牛场景

资料来源：汤惠生：《青藏高原古代文明》，三秦出版社，2003，第 124 页。

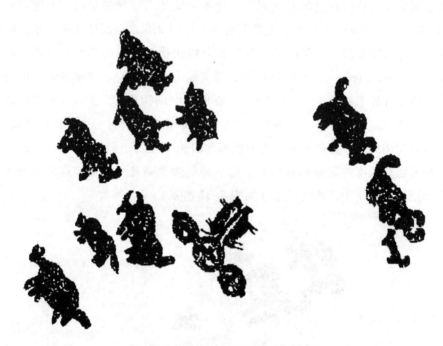

图 2-7 野牛沟岩画中的马拉车场景

资料来源：汤惠生：《青藏高原古代文明》，三秦出版社，2003，第 127 页。

图 2-8 卢山岩画中的车猎场景

资料来源：汤惠生：《青藏高原古代文明》，三秦出版社，2003，第 128 页。

图 2-9 卢山岩画中的搏斗场景

资料来源：汤惠生：《青藏高原古代文明》，三秦出版社，2003，第 129 页。

图 2-10 卢山岩画中的狩猎场景

资料来源：汤惠生：《青藏高原古代文明》，三秦出版社，2003，第 130 页。

图 2-11　拉哈其布切岩画中的动物、花朵、符号

资料来源：盖山林：《岩画上的历史画卷——中国岩画》，上海三联书店，1997，第38 页。

图 2-12　舍布齐岩画中的牦牛

资料来源：汤惠生：《青藏高原古代文明》，三秦出版社，2003，第 131 页。

图 2-13　卢山岩画中的鹿

资料来源：汤惠生：《青藏高原古代文明》，三秦出版社，2003，第 129 页。

（三）绚丽的彩陶

彩陶是一种有韵味的艺术形式，其诞生于新石器时代这段特定的历史时空，其产生与发展经历了五六千年的漫长道路。中国彩陶发现较晚，1921 年，瑞典地质学家、考古学家安特生在河南省渑池县仰韶村发现了一些残破的陶片和石器等，由此开启了举世瞩目的中华文明重要源头——仰韶文化的发现之旅。我国黄河流域的彩陶不仅在数量上而且在流行时间和文化内涵上是最为丰富和发达的，以主要分布于中游地区的仰韶文化和上游地区的马家窑文化为最主要的代表。裴文中先生曾论及："青海境内之史前混合文化，可分为四大类，彩陶文化约皆为主要之成分。彩陶文化曾盛行发达于晋豫陕甘诸省，当最盛之时（即仰韶时期）亦曾发达于青海东部。"①

> 制陶的发明，使文化的差异有了一种看得见的记录……而且陶器碎片是无法毁灭的，不像旧衣裳那样容易腐烂，后者只有在干燥的沙土或不透气的泥炭沼泽中才能保存下来。因此，在发明制陶和发明文字之间的整个时期，人类住地遗址中逐层分布的陶器碎片是一种最可靠的计时器。对于不同文化的地理分布，它也是一种最可靠的勘测器，还可以指示出不同文化通过工艺的传播、移民和征服而进行的混合与融合。在旧大陆和美洲，不同风格的陶器，是理解前文明时期地区文化发展和变异的线索。文明出现以后，在那些尚未发明文字，或不再使用已发明的某种文字、而这种文字尚未得到释读的地方，也同样如此。②

据史籍记载和古史传说，河源地区自古以来就是典型的民族交往交流交融之地，羌、月氏、乌孙、匈奴、氐、鲜卑、吐谷浑、吐蕃、回鹘、党项等民族先后驻足于此，从历史的发展看，汉藏语系藏缅语族民族中的许多民族起源于青藏高原的古代氐羌系统，河源地区是他们共同的民族发祥地和文化摇篮。汉族、藏族、蒙古族、回族、土族、撒拉族、裕固族、保安族、东乡族等民族世居于此。各民族创造了丰富灿烂的民族文化，在长期的文化交往

---

① 裴文中：《史前时期之西北》，山西人民出版社，2015，第 15 页。

② 〔英〕阿诺德·汤因比：《人类与大地母亲：一部叙事体世界历史》上卷，徐波等译，上海人民出版社，2012，第 41 页。

交流交融中，相互渗透、协同发展，逐步实现了文化认同、心理与共、情感相通，构筑了独特的价值体系、文化内涵和精神品质，孕育了文化共同体，建造了中华文明共有精神家园，成为支撑中华民族生生不息、发展壮大的原动力。可以说，河源文化最大的价值就在于，对中华民族文化的构成和认同，以及中华民族共有精神家园的形成，产生了决定性的观念引导作用。

第二节 羌人与中华民族多元一体文明格局的形成

如果对上古中华史加以注意就会发现一个很奇特的现象，中华民族中有许多民族把自己的族源地指向今天青藏高原的河源地区，并与古代羌戎族群有着千丝万缕的历史渊源。不仅如此，羌人族群部落的演变还影响到今天的许多民族的形成与中华民族多元一体格局的形成。

一 关于"文明"的界定

20世纪初期至今，克鲁伯（A. Lfred Kroeber）、奎格利（Quigley）、汤因比、斯宾格勒（Osual Spengler）等诸多学者都对"文明"之定义展开溯源和讨论。"文明"（Civilization），其英文源于拉丁文的 Civilis 一词。被誉为法国史学巨擘的费尔南·布罗代尔（Fernand Braudel）在《文明史纲》中写道：

> 文明是一个新词，它由"Civilisé"（开化的）和"Civiliser"（使开化的）构成，在16世纪就已经得到普遍使用……Civilisation 一般指与野蛮状态相对立的状态。到1772年（或许更早些），"Civilisation"这个词已经传到英国。……"Civilisation"至少是一个双义词，它既表示道德价值又表示物质价值。因此，卡尔·马克思区分了经济基础（物质上）与上层建筑（精神上）——在他看来，后者严重地依赖于前者。[1]

德国学者诺贝特·埃利亚斯（Norbert Elias）在其成名作《文明的进程——文明的社会发生和心理发生的研究》中认为"文明"一词在欧洲经

---

[1] 〔法〕布罗代尔：《文明史纲》，肖昶等译，广西师范大学出版社，2003，第23~25页。

历了从"宫廷礼仪"（Courtoisie）到"礼貌"（Civilité）再到"文明"的含义变化，是一个现代西方社会发展水平的总结性概念，涵盖以下内容：较高水准的科学技术、社会组织以及某种生活方式。文明是过程或者说是过程的结果。① 安德鲁·塔尔格斯基（Andrew Targowski）将"文明"重要特征归纳为：一是具有生产专门化、内部严格分层、共享同一知识体系的大型社会。二是自发模糊物化、可辨别和扩展的空间和时间，可以不是一个具体化的大型实体。三是由交流、宗教、财富和权力驱动的文化系统。四是由城市、农业、其他（工业、信息等等）构成的基础结构系统。五是随着时间的推移，兴起、发展和衰落，有显著的周期性特征。②

我国对"文明"的记述最早见于先秦文献《周易》（见表 2-4）。

表 2-4　《周易》中关于"文明"的记载

《周易》	原文	孔颖达注疏
《乾》卦	见龙在田，天下文明	"天下文明"者，阳气在田，始生万物，故天下有文章而光明也
《贲》卦	刚柔交错，天文也；文明以止，人文也	天之为体，二象刚柔，刚柔交错成文，是天文也。文明，离也，以止，艮也
《大有》卦	其德刚健而文明，应乎天而时行，是以元亨	"刚健"谓强也，"文明"谓离也。德应于天，则行不失时，与时无违，虽万物皆得亨通，故云"是以元亨"
《同人》卦	文明以健，中正而应，君子正也。唯君子为能通天下之志	此释"君子贞"也。此以二象明之，故云"文明以健"。"中正而应"，谓六二、九五，皆居中得正，而又相应，是君子之正道也，故云"君子正也"。若以威武为健，邪僻而相应，则非君子之正也。"唯君子为能通天下之志"，此更赞明君子贞正之义。唯君子之人"同人"之时，能以正道通达天下之志，故利君子之贞。若非君子，则用威武。今卦之下体为离，故《象》云"文明"，又云"唯君子能通天下之志"，是君子以文明为德也。谓文理通明也

资料来源：作者根据《周易》（杨天才、张善文译注，中华书局，2011）整理而成。

---

① 〔德〕诺贝特·埃利亚斯：《文明的进程——文明的社会发生和心理发生的研究》，王佩莉、袁志英译，上海译文出版社，2013，第 24 页。

② A. Targowski, "Towards a Composite Definition and Classification of Civilization," *Comparative Civilizations Review* 2009, pp. 79-98.

清代学者章学诚在《文史通义》中曰："《易》曰：'惟君子为能通天下之志。'说者谓君子以文明为德，同人之时，能达天下之志也。《书》曰：'乃命重、黎，绝地天通。'说者谓人神不扰，各得其序也。夫先王惧人有匿志，于是乎以文明出治，通明伦类，而广同人之量焉。"① 综上所述，章学诚《文史通义》与《周易》中的"文明"的含义指向"和同于人"，意为一种能通天下之志的正道与美德。先秦文献《尚书·舜典》中记载，舜帝"然哲文明，温恭允塞"。孔颖达注疏曰："经纬天地曰文，照临四方曰明……舜既有深远之智，又有文明温恭之德，信能充实上下也。"② "文明"的含义指向"文德辉耀"，特别强调舜帝所具有的良好品德、修养与行为举止。张载也对"文明"之德进行过论述，曰："六三以阴居阳，不独有柔顺之德，其知光大，含蕴文明，可从王事也。"③ 从《周易》和《尚书》中"文明"的含义，到唐孔颖达、宋张载、清章学诚等人的解释与使用可看出，我国"文明"的基本含义始终保持着文化的连续性，指的是"文德教化"。夏鼐先生指出，现今史学界"文明"一词指"一个社会已由氏族制度解体而进入有了国家组织的阶级社会的阶段"，出现了作为政治、经济、文化中心的城市，已经发明和使用了文字，并能够冶炼金属。文字是其中最为重要的"文明"标志。④ 李伯谦先生也认为"以青铜器为代表的金属器的使用、贫富分化与阶级对立的形成、大型政治性与礼仪性建筑的兴建、凌驾于社会之上的国家机器的出现和文字的使用"是构成文明的要素。⑤ 综上所述，中国与欧洲都有关于"文明"的概念与观念，中国的"文明"与欧洲的"Civilization"都表示具有较好修养的道德与行为，以及以此为基础具有教化的社会，以区别于没有教养的粗野行为与社会状态。

二 西羌的繁衍及其迁徙

西羌是一个多氏族多部落的古老民族，其聚居中心是河源地区，其历

---

① （清）章学诚：《文史通义》，吕思勉评，李永圻、张耕华导读整理，上海古籍出版社，2008，第 115、116 页。
② （汉）孔安国传，（唐）孔颖达正义《尚书正义》，黄怀信整理，上海古籍出版社，2007，第 120 页。
③ 《张载集》，章锡琛点校，中华书局，2012，第 81 页。
④ 夏鼐：《中国文明的起源》，《文物》1985 年第 8 期，第 56 页。
⑤ 李伯谦：《中国文明的起源与形成》，《华夏考古》1995 年第 4 期，第 18、19 页。

史悠久、分布广泛、影响深远。关于其活动范围，《后汉书·西羌》中有具体的记述："西羌之本，出自三苗，姜姓之别也。其国近南岳。及舜流四凶，徙之三危，河关之西南，羌地是也。滨于赐支，至乎河首，绵地千里。"① 汉时"赐支"即为《禹贡》之"析支"。② 李文实先生在《〈禹贡〉织皮昆仑析支渠搜及三危地理考实》一文中认为，"析支"原为羌族部落，因居赐支河曲而谓之河曲羌。③ 郦道元《水经注》引司马彪《续汉书》和应劭《风俗通义》云：

> 司马彪曰：西羌者，自析支以西，滨于河首左右居也。河水屈而东北流，径于析支之地，是为河曲也。应劭曰：禹贡，析支属雍州，在河关之西，东去河关千余里，羌人所居，谓之河曲羌也。④

"赐支河曲"地处河源，为今阿尼玛卿山、西倾山及其以北地区，这里正是古代羌人的活动中心，《中国历史地图集》把"赐支河曲"定在今青海省海南藏族自治州共和县曲沟地区。

根据大量传说和文献记载，羌人自战国无弋爱剑建立种族家支统治体系后，种落繁杂，人口众多。《后汉书·西羌》详细记载了这一情况：

> 自爱剑后，子孙支分凡百五十种，其九种在赐支河首以西，及在蜀、汉徼北，前史不载口数。唯参狼在武都，胜兵数千人。其五十二种衰少，不能自立，分散为附落，或绝灭无后，或引而远去。其八十九种，唯钟最强，胜兵十余万，其余大者万余人，小者数千人，更相钞盗，盛衰无常，无虑顺帝时胜兵合可二十万人。发羌、唐旄等绝远，未尝往来。牦牛、白马羌在蜀、汉，其种别名号，皆不可纪知也。⑤

① （南朝宋）范晔：《后汉书》卷87《西羌》，中华书局，2012，第1939页。
② "赐支者，《禹贡》所谓析支者。"参见（南朝宋）范晔《后汉书》卷87《西羌》，中华书局，2012，第1939页。
③ 李文实：《西陲古地与羌藏文化》，青海人民出版社，2019，第67页。
④ （北魏）郦道元著，陈桥驿校证《水经注校证》，中华书局，2007，第41页。
⑤ （南朝宋）范晔：《后汉书》卷87《西羌》，中华书局，2012，第1958、1959页。

羌人在秦始皇忙于统一六国、无暇西顾之时，得以繁衍生息。但在秦统一之后的不久，羌人的活动就受到限制，不能再任意发展。《后汉书·西羌》记载如下：

> 及秦始皇时，务并六国，以诸侯为事，兵不西行，故种人得以繁息。秦既兼天下，使蒙恬将兵略地，西逐诸戎，北却众狄，筑长城以界之，众羌不复南度。①

羌人经过历史上的迁徙分化，到汉代的时候，其中不少已经完全融合至其他民族中。仍被称为羌人的民族也分布广泛，"东越陇西，西迄河源，北达南疆，南及川康"。② 其中活跃于河源地区的羌人种落有数十个，如先零羌、烧当羌、罕开羌、卑湳羌、钟羌、滇零羌、发羌、卑禾羌等，"先零羌"，据说是无弋爱剑五世孙忍的九子之一"研种羌"的亲属部落，是河源诸羌中最大的一个部落集团，在汉代的历史发展中影响很大。他们的原住地在赐支河曲的大小榆谷（今青海黄河南岸贵德、尖扎、贵南、同德等县一带），土地肥沃、气候温和，自然条件优越。西汉初年，一部分先零羌迁徙至湟水南北岸，一部分迁徙至西海（今青海湖）、盐池（今青海茶卡盐湖）附近。东汉时，先零羌东向发展至金城郡的汉阳（今甘肃天水）及陕西扶风等地。"钟羌"，《后汉书·西羌》载，羌人"八十九种，唯钟最强，胜兵十余万"。③ 初居大小榆谷南，北与烧当羌为邻，后有一部分迁至陇西郡临洮谷（今甘肃岷县境内）。汉代时期钟羌与滇零羌联合截断陇山的通道，是河源地区最有势力的部落之一。

三 藏族先民与西羌部落

河源地区的主要民族藏族，是一个历史非常悠久的民族。从公元初开始，繁衍至整个青藏高原，他们自称所在的地区为"Bod"，印度人将其转写为"Bhota"、"Bhauta"或"Bauta"。托勒密的地理著作和成书于公元1

---

① （南朝宋）范晔：《后汉书》卷87《西羌》，中华书局，2012，第1944页。
② 赵艳：《文明探源与生态智慧："河源昆仑"当代价值的文化地理学阐释》，《青海民族大学学报》2023年第1期。
③ （南朝宋）范晔：《后汉书》卷87《西羌》，中华书局，2012，第2898页。

世纪中期的古罗马帝国航海手册《厄立特里亚航海记》在论述西域一个地区时提及吐蕃人（Bautai）。藏族强盛较早，公元7世纪上半叶统一青藏高原诸部，建立吐蕃王朝，称雄青藏高原200多年，在亚欧大陆产生了重要影响。

据汉文史籍记载，藏族属于两汉时西羌人的一支。据《后汉书·西羌》记载，羌人先祖爰剑之孙卬因秦献公灭狄戎和獠戎，畏其威胁，"将其种人附落而南，出赐支河曲西数千里，与众羌绝远，不复交通"。① 据顾颉刚先生研究，卬所徙之地当在今青海西南界或西藏的东北角。② 其后裔之一就是"发羌""唐旄"，居住地是今青海省果洛、玉树一带，成为藏族先民的一个组成部分。烧当羌皆世居于赐支河曲北岸的大允谷（今青海共和县东南）。东汉永元（89~104年）时，烧当羌首领迷唐联合诸羌与东汉军队作战，战败后向赐支河曲以西迁徙，最后至赐支河首一带，与原来居住在这里的发羌错居。发羌、唐旄、烧当羌因居住地遥远，与诸羌往来困难，于公元五六世纪融于吐蕃。

《通典·边防》记载：

> 吐蕃在吐谷浑西南，不知有国之所由。或云："秃发利鹿孤有子樊尼，其主傉檀为乞伏炽盘所灭，樊尼率余种依沮渠蒙逊，其后子孙西魏时为临松郡丞，与主簿皆得众心，因魏末中华扰乱，招抚群羌，日以强大，遂改姓为宰勃野。"③

《新唐书·吐蕃》记载：

> 吐蕃本西羌属，盖百有五十种，散处河、湟、江、岷间。有发羌、唐旄等，然未始与中国通，居析支河西，祖曰鹘提勃悉野，健武多智，稍并诸羌，据其地。蕃、发声近，故其子孙曰吐蕃，而姓勃窣野。④

---

① （南朝宋）范晔：《后汉书》卷87《西羌》，中华书局，2012，第1943页。
② 顾颉刚：《从古籍中探索我国的西部民族——羌族》，《社会科学战线》1980年第1期，第119页。
③ （唐）杜佑：《通典》（五），王文锦等点校，中华书局，1996，第5170页。
④ （宋）欧阳修等：《新唐书》卷216《吐蕃》，中华书局，1975，第6071页。

雅隆悉补野部落①的第 29 代赞普，即松赞干布的祖父达日年赛时期，已经基本统一了雅鲁藏布江南岸地区。

隋唐史书记载了几乎整个河源地区的部落邦国。《隋书》记载了位于葱岭之南、世代以妇女为王的"女国"和蜀郡西北 2000 余里的"附国""嘉良夷"。《通典》《旧唐书》《新唐书》《册府元龟》等文献，还记载了"吐谷浑"、"党项"、"白兰"、"多弥"、"羊同"（即象雄）、"悉立"、"章求拔"、"苏毗"（孙波）等及其风土文化。

在上述诸多邦国中，有一些邦国与雅隆悉补野部落一样，展现出良好的发展势头，成为高原霸主的有力角逐者，森波、苏毗、象雄就是其中的代表。据《新唐书·西域》载："苏毗，本西羌族，为吐蕃所并，号孙波，在诸部最大。"② 苏毗是活动在青藏高原北部广大地区的古羌部落之一，"苏毗"是羌语的一个词。西方学者认为古文书中出现的"Supiye"，就是汉文史书中的苏毗。③ 在林梅村翻译的英国学者托马斯（F. M. Thomas）《沙海古卷》（Acta Orientaia）772 件怯卢文书中，有 15 件文书反映了苏毗人与西域城邦国家之间的纷争。"国王敕谕"第 212 号记："苏毗人从该地将马牵走，现在彼等要求赔偿这些马。"第 351 号记："现在众多苏毗人已到达纳博（县）。""信函"第 119 号致州长的信函记："现本地传闻，苏毗人四月间突然袭击且末。汝应派哨兵骑马来此。"第 722 号记："据且末方面的消息，苏毗人要带来威胁。谕令书已再次下达，军队须开赴……"④ 由上述材料可以看到，以游牧为主的河源地区唐古拉山南北的苏毗人，经常抢夺昆仑山以北、塔里木盆地以南地区的城邦国家的人口和牲畜，后来通过丝绸之路青海道翻过阿尔金山，进入西域且末、鄯善，以至于阗地区。⑤

据《新唐书·西域》记述，苏毗在被吐蕃征服后更名为"孙波"，"孙

---

① 亦作鹘提勃悉野。
② （宋）欧阳修等：《新唐书》卷 221《西域》，中华书局，1975，第 6257 页。
③ 1940 年，英国学者贝罗（T. Burrow）出版《中国土耳其斯坦所出佉卢文书译文集》（A Translation of the Kharosthi Documents from Chinese Turkestan，The Royal Asiatic Society，1940）一书，该文书是公元 2 世纪末至 4 世纪到 5 世纪时期，西域城郭国鄯善王国统治下的遗物。文书中频繁出现一个名叫"Supiye"的部落，英国学者托马斯在其著作《沙海古卷》（Acta Orientaia，Vol. XII，p. 54）中分析认为这就是汉文史书中的苏毗。此观点也得到国内学术界以林梅村为代表的学者的认可。
④ 林梅村：《沙海古卷·中国所出佉卢文书》（初集），文物出版社，1988。
⑤ 周伟洲：《苏毗与女国》，《大陆杂志》第 92 卷第 4 期，1996 年 4 月。

波"为藏语"松巴"之音译，指的是松巴部落。① 这些部落、邦国，在吐蕃王朝兴起后大多被纳入其统治之下，组成内涵丰富的新的"吐蕃人"，吐蕃王朝是由诸多邦国和部落融合而成的。吐蕃王朝的统一对古代藏族的形成具有十分重要的意义，他们的文化也直接成为藏族文化的一部分，即河源文化的主要内容。

四　西羌与古代族群文明互动

河源地区乃至整个青藏高原的古代历史与羌人紧密相关，不仅如此，古代华夏民族集团中的炎帝和夏等民族的最早历史也与河源地区有着千丝万缕的联系。特别是"河出昆仑"（昆仑—西王母）神话与青藏高原的关系尤为密切。

"羌是我国最古老的民族之一，分布亦广，据说他们是汉族的前身——'华夏族'的重要组成部分。在长期的历史过程中，羌族中的若干分支由于种种条件和原因，逐渐发展、演变为汉藏语系中的藏缅语族的各民族……羌族历史在我国民族史上占有极其重要的地位。"② 羌人最早分布于青藏高原北部与黄土高原西部一带，是以游牧为主的部落群。后来，羌人向西深入到青藏高原腹地，向南则到达金沙江、雅砻江、岷江流域。西向的羌人与当地的雅砻、苏毗、多弥、女国、象雄、大羊同、小羊同等族群融合为今天的藏族主体部分；南向的羌人则与当地族群相互融合，形成今天的汉、藏、羌、彝、纳西等民族。

费孝通先生在提出著名的"中华民族多元一体格局"的理论时，也对羌人的历史作用及贡献做了充分的论述：

这里的早期居民称作羌人，牧羊人的意思。羌人可能是中原的人对西方牧民的统称，包括上百个部落，还有许多不同的名称，古书上羌氐常常连称。它们是否同一来源也难确定，可能在语言上属于同一系统。《后汉书》说他们是"出自三苗"。就是被黄帝从华北逐去西北的这些部落。商代甲骨文中有羌字，当时活动在今甘肃、陕西一带。

---

① 《西域南海史地考证译丛》第 1 卷，冯承钧译，商务印书馆，1995，第 20~21 页。
② 冉光荣等：《羌族史》，四川民族出版社，1984，第 1 页。

羌人和周人部落有姻亲关系。所以周人自谓出于姜嫄。在周代统治集团中夷人占重要地位，后来成为华夏族的重要组成部分。[1]

羌人的史迹，最早见于发源于河源地区的昆仑神话中，据传西王母居于湟水源头、仙海之滨。《山海经》《穆天子传》记载，"其状如人，豹尾虎齿而善啸，蓬发戴胜"，是"司天之厉及五残"，被认为是世俗兼领神权的羌人部落大首领。

中国古史传说"三皇""五帝"中的伏羲氏、女娲氏，其实指的就是羌族人。晋代皇甫谧《帝王世纪》记载"神农氏'长于姜水'，黄帝'长于姬水'"，《左传》记载："炎帝为火师，姜姓其后也。"[2]《史记》记载：黄帝"娶于西陵之女"，生二子，"青阳降居江水，其二曰昌意，降居若水"，而"娶蜀山氏之女"。[3] 姜水、姬水、西陵、若水、江水等均为当时羌人的住地，说明上古黄帝族和炎帝族的主要发祥地之一就是河源地区。姓氏的"姜"与部落名的"羌"，二字的字、形、义皆可通借，只是阴阳、男女词性之别。古老传说中羌人的氏族是以西王母为代表的女系，炎帝为姜姓，即炎帝出于羌。黄帝与炎帝为一母同胞，那么黄帝也与羌人有着不可分割的血缘关系。后来炎帝的姜姓部落与黄帝的姬姓部落不断东移，在日益紧密的交往中结成联盟，逐渐构成华夏族的主体。

周始祖后稷生于姜原，《史记·周本纪》记载：

> 周后稷，名弃。其母有邰氏女，曰姜原。姜原为帝喾元妃。姜原出野，见巨人迹，心忻然说，欲践之，践之而身动如孕者，居期而生子，以为不祥，弃之隘巷，马牛过者皆辟不践；徙置之林中，适会山林多人，迁之；而弃渠中冰上，飞鸟以其翼覆荐之。姜原以为神，遂收养长之。初欲弃之，因名曰弃。[4]

姜嫄本羌女，"姜"是羌人最早入中原转向农业的一支。关于"大禹出自西

---

[1] 费孝通主编《中华民族多元一体格局》（修订本），中央民族大学出版社，1999，第27页。
[2] 《左传》，郭丹等译注，中华书局，2012，第1214页。
[3] （汉）司马迁：《史记》，中华书局，2011，第10页。
[4] （汉）司马迁：《史记》，中华书局，2011，第99页。

羌"的说法多见于文字记载，大禹曾带领着羌人组成的水利大军，历尽千难万险导川凿山，在完成治水大业的同时，也开辟了一条自西向东循着黄河的走势的道路。《尚书》之《周书·吕刑》亦载："乃命三后，恤功于民；伯夷降典，折民为刑；禹平水土，主名山川；稷降播种，农殖嘉谷。三后成功，惟殷于民。"① 伯夷、禹、稷为周民族传说中的祖先，顾颉刚先生认为这三者，"向所视为创造华族文化者也；今日探讨之结果，乃无一不出于戎"。② "'戎'字，是羌语的汉文音译……而所谓羌戎、戎狄，则是羌语农耕的译语，农耕为戎，而从事农耕者为戎娃，现在的藏语犹然。"③ 因此，距今约 4000 年，中国历史上第一个王朝——夏朝的建立，其主体民族即由羌族融合而来。

羌与商也有密切往来。《诗经·商颂·殷武》云："昔有成汤，自彼氐羌，莫敢不来享，莫敢不来王。"④ 甲骨文中也有"师伐羌""众人伐羌""北吏伐羌"等记载，表明商与羌之间时有争战。《穆天子传》记载"周穆王参会西王母故事"：周穆王西巡之际，在昆仑之丘举行祭祀黄帝盛大典礼的次日，"觞西王母于瑶池之上"，饮酒对歌、求取宝玉，甚为亲密，并在昆仑悬圃建立石碑，铭刻他的功劳，以此昭示后人。⑤ 《竹书纪年》记载："穆王十七年，西征昆仑丘，见西王母。"40 年后，西王母回访穆天子。⑥这些记载虽然不能全作信史，但也说明了羌人与西周中央王朝的密切往来。在周革殷命的关键时刻，古羌人助周人建新朝，书写了中华文明的新篇章。为答谢羌人之帮助，周在今河南禽山之南建立了姜姓四国。羌人东迁建国的齐太公姜尚，取国名"齐"，为"与天齐"之义，表明所居之地为"天地之中"。

羌人从无弋爱剑开始兴起种族家支统治制度，这是羌人社会分化迁徙并得以壮大的划时代变化。关于爱剑的历史传说，《后汉书·西羌》中有详细记载：

① 《尚书》，王世舜、王翠叶译注，中华书局，2012，第 469 页。
② 顾颉刚：《九州之戎与戎禹》，《西北民族研究》1991 年第 2 期，第 87 页。
③ 李文实：《西陲古地与羌藏文化》，青海人民出版社，2019，第 9 页。
④ 高亨注《诗经今注》，上海古籍出版社，2017，第 702 页。
⑤ 《穆天子传》，高永旺译注，中华书局，2019，第 51~62 页。
⑥ 范祥雍订补《古本竹书纪年辑校订补》，上海古籍出版社，2018，第 31 页。

羌无弋爱剑者，秦厉公时为秦所拘执，以为奴隶。不知爱剑何戎之别也。后得亡归，而秦人追之急，藏于岩穴中得免。羌人云爱剑初藏穴中，秦人焚之，有景象如虎，为其蔽火，得以不死。既出，又与劓女遇于野，劓，截鼻也。遂成夫妇。女耻其状，被发覆面，羌人因以为俗，遂俱亡入三河间。《续汉书》曰："遂俱亡入河湟间。"今此言三河，即黄河、赐支河、湟河也。诸羌见爱剑被焚不死，怪其神，共畏事之，推以为豪。①

爱剑在"河湟"取得羌民的信任后，被推举为豪，成为羌人的首领，其子孙也"世世为豪"，确立了羌人的种族家支统治制度。

据《后汉书·西羌》记载，到战国爱剑曾孙忍时，秦献公（前384~前362年）再次向西扩张势力，羌人受到极大威胁。爱剑之孙卬率部远徙，除了一部分羌人成为藏族先民之外，还有一部分羌人长途跋涉到达新疆天山南麓，成为"婼羌"的组成部分。此外，"其后子孙分别，各自为种，任随所之。或为牦牛种，越嶲羌是也；或为白马种，广汉羌是也；或为参狼种，武都羌是也"。② 这些迁徙的羌人与当地的世居民众共同生活，发展成西南藏彝语族各支的先民。

至于爱剑曾孙忍及其嫡系则留在河湟继续繁衍生息，"忍及弟舞独留湟中，并多娶妻妇。忍生九子为九种，舞生十七子为十七种，羌之兴盛，从此起矣"。③ 家支统治制的特点是诸子孙都有继承权，并分为家支，越分越细。爱剑的曾孙忍生九子为九种，忍的弟弟舞生十七子为十七种。忍的九子之一子最为豪健，部落以"研"为种号，从秦孝公至汉景帝，研种羌强盛200余年。有学者统计，"自无弋爱剑以后，西羌分支达150种，其中9种在河湟以外独立活动，52种衰少逐渐依附于其他强大部落，89种各有部落组织"。④ 分化迁徙后的羌人，或强大或弱小，或农耕或游牧，或汉化或形成新的民族，成为我国多民族大家庭中的一员，为中华民族多元一体的形成奠定了坚实的基础。

《资治通鉴》记载："羌居安定、北地、上郡、西河者，谓之东羌；居

① （南朝宋）范晔：《后汉书》卷87《西羌》，中华书局，2012，第1943页。
② （南朝宋）范晔：《后汉书》卷87《西羌》，中华书局，2012，第1943页。
③ （南朝宋）范晔：《后汉书》卷87《西羌》，中华书局，2012，第1943页。
④ 理力：《汉代诸羌》，《青海民族研究》1990年第3期，第97页。

陇西、汉阳延及金城塞外者，谓之西羌。"① 羌人至汉代时分布已经十分广泛，因此东汉安、顺二帝时（2世纪前半叶），羌人分为"西羌"与"东羌"。内迁的羌人"与华人杂处，数岁之后，族类蕃息"。② 羌汉人民交错杂居，相互间的交流交往日益密切，各民族长期的融合逐步使得中华民族共同体内在的结合更加紧密。

第三节　河源昆仑文化与中华民族文化的认同

"昆仑文化"这一概念，虽然最早是由学者杜而未率先在1960年前后提出，并于1977年正式出版的《昆仑文化与不死观念》一书中进行了充分论证，但是杜先生更多局限在《山海经》中的昆仑山及其月山信仰研究上。同于20世纪70年代，顾颉刚先生研究昆仑神话，给学界带来诸多启发，一批以赵宗福为代表的地方学者尤其注意昆仑神话与昆仑文化的研究，追溯昆仑神话文本的演变及其与中华文明源头研究、与少数民族共融互动研究。

"赫赫我祖，来自昆仑"，河源昆仑作为中华民族记忆中的故乡和神圣的精神家园，包含神话昆仑与地望昆仑两个内涵丰富的层次。神话昆仑是原始先民根据现实地理想象出来的神圣大山，而历史上对河源昆仑的寻求和现实昆仑的界定又是对神话昆仑的神圣延续，两者之间具有密不可分的关系，是一个互动发展的文化过程。

一　神话昆仑

有学者提出："弇兹燧人氏创立的昆仑是中华文明的源头和母型，是中华本原文明，是中华文明的基因。"③ 昆仑神话是中国古典神话中故事最丰富、影响最深远的神话系统，也是华夏文化的重要源脉之一。从《尚书》的"导河积石"到《山海经》的"河出昆仑"，再到《汉书》的"重源伏流"，不仅有效地将青海积石山下的实际黄河与被想象在西域的昆仑山河源串联起来，而且将河源与西王母、昆仑的神话传说联系起来，形成一个庞

---

① （宋）司马光编著，（元）胡三省音注《资治通鉴》卷52"东汉顺帝永和六年正月"条，中华书局，2018。
② （唐）房玄龄等：《晋书》卷56《江统传》，中华书局，2010，第1761页。
③ 王大有：《昆仑文明播化》，中国时代经济出版社，2006，第97页。

大的昆仑—西王母神话体系。也正因为如此，青藏高原河源地区成为中华民族神话的重要发生地，昆仑—西王母神话是中国式神话的一个核心命题，在饮水思源的意义上成为所有华夏儿女的共同信念。

神话中的昆仑是"天地之脐""天下之中心""地上之仙乡"，是中华民族的发祥地和祖居地。目前所见文献，最早且明确的"昆仑"说法出自《山海经》。顾颉刚先生在《〈山海经〉中的昆仑区》一文中认为，昆仑"在《山海经》中是一个有特殊地位的神话中心，也是一个民族的宗教中心，在宗教史上有它永恒的价值"。① 从神话体系的角度来看《山海经》书中的"昆仑"，基本有三个范围：一是太帝与百神所居之处的"小昆仑"，即西北的昆仑之丘、昆仑之虚；二是各职司神分居之处的"大昆仑"，即如《西次三经》所载；三是与帝的各种活动相关之处的"泛昆仑"。

《淮南子》书中对于"昆仑"的记载，既是集周秦之大成，也是汉代以后昆仑文化意义变化的开端。《地形篇》中有关昆仑记载如下：

（第一段）禹乃以息土填洪水，以为名山，掘昆仑虚以下地，中有增城九重，高万一千里百一十四步二尺六寸。上有木禾，其修五寻，珠树、玉树、旋树、不死树在其西，沙棠、琅玕在其东，绛树在其南，碧树、瑶树在其北。有四西四十门，门间四里，里间九纯，纯丈五尺。旁有九井玉横，维其西北之隅，北门开以内不周之风，倾宫、旋室、县圃、凉风、樊桐在昆仑阊阖之中，是其疏圃。疏圃之池，浸之黄水，黄水三周复其原，是谓丹水，饮之不死。②

（第二段）河水出昆仑东北陬，贯渤海，入禹所导积石山。赤水出其东南陬，西南注南海丹泽之东。赤水之东，弱水出自穷石，至于合黎，余波入于流沙，绝流沙南。至南海。洋水出其西北陬，入于南海羽民之南。凡四水者，帝之神泉，以和百药，以润万物。③

---

① 顾颉刚：《古史辨自序》下册，商务印书馆，2011，第784页。
② （汉）刘安著，陈广忠译注《淮南子译注》，上海古籍出版社，2017，第147页。
③ （汉）刘安著，陈广忠译注《淮南子译注》，上海古籍出版社，2017，第149页。

（第三段）昆仑之丘，或上倍之，是谓凉风之山，登之而不死。或上倍之，是谓悬圃，登之乃灵，能使风雨。或上倍之，乃维上天，登之乃神，是谓太帝之居。扶木在阳州，日之所曜。建木在都广，众帝所自上下，日中无景，呼而无响，天地之中也。若木在建木西，末有十日，其华照下地。①

其中，第一段继续深化《山海经》中西方昆仑的形象，较为特殊的是以"掘昆仑虚以下地"的表述，体现昆仑的崇高。第二段则直指"河水出昆仑东北陬"。第三段将昆仑山（昆仑之丘）之上分为三层：凉风之山—悬圃—太帝之居。第三段使"昆仑"具有了仙乡的色彩。汉代以后对于"昆仑"的想象与认知，可能因此而呈现出两个比较明显的倾向：一是"昆仑"的位置在文化意识里西方而居中，其地位更加崇高；二是对于真实地理的昆仑山位置展开探寻，并以黄河河源为定向。

"昆仑"为"仙乡"的原因，大概可归纳成以下四点：一是此地具有神明聚居之处的性质——"帝之下都"（《西山经》）、"门有开明兽守之，百神之所在"（《海内西经》）。二是此地孕有各种奇异之动植物。所谓奇异，或乃自然界物种某特征（包含外表与习性）之扩大、重复，或乃不同物种特征之合成。而这些奇异之物，实多具有描述此奇异的人类的心理寄托。三是人类踏进"昆仑地界"，上"凉风之山"，则能不死；上"悬圃"，则得呼风唤雨的神通；再上至天，也就到了"太帝之居"，人类乃能化为神（《淮南子·地形篇》）。于是，借由登升昆仑以转换身处之地，即可不死、得异能甚至化神，呈现出一种由人而灵而神的登仙飞升概念。这也是昆仑世界与仙乡产生联系的原因之一。四是昆仑地界多灵药（如丹水、沙棠、莹草），有奇域（如凉风之山、悬圃、太帝之居），但是昆仑亦多恶兽、凶神（如土蝼、钦原、西王母）足以害人。因此，昆仑同时具有永生与死亡的双重特性。

因为"昆仑"所具有的仙乡特质，屈原在《九歌》中说河伯（黄河之神）带着他的女伴"登昆仑兮四望，心飞扬兮浩荡"，②在《涉江》中抒发

---

① （汉）刘安著，陈广忠译注《淮南子译注》，上海古籍出版社，2017，第150页。
② 《楚辞》，林佳骊译注，中华书局，2015，第68页。

了"登昆仑兮食玉英，与天地兮同寿，与日月兮同光"①的人生理想。并在其辞赋中，几度提到昆仑悬圃，《离骚》云："朝发轫于苍梧兮，余夕至乎悬圃。"②屈原幻想自己有如神话中的仙子，驾着龙凤去神界漫游，向天帝倾诉苦衷，幻想着自己早晨离开苍梧③，日暮时分就到了昆仑悬圃。因此，统一中国的秦始皇修筑的骊山陵墓就模拟了昆仑山的形状。"（秦始皇陵）一级台阶，仿效昆仑之山；二级台阶，仿效凉风之山；三级台阶，仿效悬圃之山；三级台阶顶部的平面及其上，就是天帝之居樊桐之山了。"④秦始皇希望死后通过人造昆仑而升天永生。

"昆仑"不仅是河源、太帝之居，也是西王母与华夏玉源所在地。《山海经·大荒西经》"西海之南"中，"有人戴胜，虎齿，有豹尾，穴处，名曰西王母"。⑤郭璞注引《河图玉版》曰："西王母居玉山。"《西山经》中详细叙述了昆仑神话中西王母居住的昆仑之西北的玉山。

> 又西北四百二十里，曰峚山，其上多丹木，员叶而赤茎，黄华而赤实，其味如饴，食之不饥。丹水出焉，西流注于稷泽，其中多白玉。是有玉膏，其原沸沸汤汤，黄帝是食是飨。是生玄玉。玉膏所出，以灌丹木，丹木五岁，五色乃清，五味乃馨。黄帝乃取峚山之玉荣，而投之钟山之阳。瑾瑜之玉为良，坚栗精密，浊泽而有光。五色发作，以和柔刚。天地鬼神，是食是飨；君子服之，以御不祥。自峚山至于钟山，四百六十里，其间尽泽也。是多奇鸟、怪兽、奇鱼，皆异物焉。⑥

《三国志》卷30引《魏略西戎传》曰：

---

① 《楚辞》，林佳骊译注，中华书局，2015，第115页。
② 《楚辞》，林佳骊译注，中华书局，2015，第19页。
③ 诗中的苍梧，在战国时代位于今雪峰山南端的南岭山系一带。从苍梧到悬圃，朝发夕至，虽有夸张，但二地当不至太远，或许邻近。自然地理上与苍梧南岭山系联系最密切的则是雪峰山。据地方志记载，今雪峰山，在宋代称梅山，而梅山是由"芈（mǐ）山"音转而来。"芈山"是楚人居住之地，故又称"楚山"。"楚山"之前叫"会稽山"，"会稽山"之前与武陵山合称"昆仑山"。
④ 刘九生：《秦始皇帝陵与中国古代文明》，科学出版社，2014，第22页。
⑤ 《山海经》，方韬译注，中华书局，2011，第322页。
⑥ 《山海经》，方韬译注，中华书局，2011，第44页。

　　大秦西有海水，海水西有河水，河水西南北行有大山，西有赤水，赤水西有白玉山，白玉山有西王母。①

　　《尔雅·释地》载："西北之美者，有昆仑虚之璆琳琅玕焉。"② 玉是昆仑山的特产。从上述对玉的品性的描述中可知，昆仑玉可以种（黄帝投之钟山），可以开花（玉荣），它的德性可和柔刚，颜色能发五彩，在源头时热气蒸腾，涌出来就成为膏而可食，挂在身上可御不祥，浇到树上又成了最好的肥料（灌丹木），正像人参汤一般，成为万应的灵药。

　　汉文文献中有"黄帝时，西王母骑白鹿来献白环"，"舜从天德嗣尧，西王母献白玉琯"等的记载。《魏书·乌丸鲜卑东夷传》记载，"自虞暨周，西戎有白环之献"，③ 具有华夏民族文化认同的昆仑山顺势成为神圣之山，《竹书纪年》载黄帝"涉流沙，登乎昆仑"。西汉陆贾在《新语》中也称：黄帝统一黄河流域诸部落后，曾"巡游四海，登昆仑山，起宫室于其上"。④ 汉武帝则不仅通过张骞带回的昆仑玉石确认华夏最神圣之山，而且他的求仙事迹在其身后演绎为一系列与西王母有关的文学传奇。

　　20 世纪 80 年代，林其锬先生提出包括亲缘、地缘、神缘、业缘、物缘在内的"五缘文化理论"。⑤ 在中华民族各民族发展的历史中有多种因素，其中地缘因素就是一个极其重要的因素。特定的地理地缘基础奠定了昆仑—西王母神话沿着黄河最终流传到东部地区，与苍茫的大海相结合，形成了蓬莱神话系统。这两大神话体系就是顾颉刚先生认为的中国古代留传下来的两个很重要的神话大系统，相互错杂，共同构成中华民族同宗同源的深层文化认同。

二　地望昆仑

　　"昆仑"西域诸胡语言谓之"天山"，在殷墟卜辞中被尊为"高祖岳"，在《诗经》《左传》中则被称为"太岳"或"四岳"。"巍巍昆仑"无疑是

---

① （晋）陈寿：《三国志》，中华书局，2011，第 718 页。
② 《尔雅》，管锡华译注，中华书局，2014，第 427 页。
③ （晋）陈寿：《三国志》，中华书局，2011，第 701 页。
④ （汉）陆贾：《新语》，姜爱林编译，新华出版社，2015，第 11 页。
⑤ 林建华：《物缘文化研究》，民族出版社，2004，第 1 页。

"万山之宗"。《穆天子传》详细记述了周穆王在河伯（黄河之神）的神秘启示下"以极西土"，以及之后祭祀昆仑之丘、观黄帝之宫、春山之宝物、觐见西王母的全部过程。40年后，西王母回访穆天子。[1] 从《穆天子传》的整个叙事看，黄河、黄河之神河伯、西土、昆仑山、宝玉、黄帝、西王母等重要母题是聚集在一起的。这不仅是"河出昆仑"观念的间接呈现，而且也表明空间上的寻找河源与时间上的寻根问祖是交织在一起叙述的。现代学者曾多次考证《穆天子传》的真实地理路线，将其中的昆仑山和西王母所在地落实到实际地理版图中。

"昆仑"在《山经》里列在《西次三经》，在《海经》里列在《海内西经》和《大荒西经》，因此，顾颉刚先生认为地理上昆仑的地点是偏西的。《汉书·地理志》记载昆仑在临羌西北。[2] 唐穆宗长庆年间（821～824年），刘元鼎《使吐蕃经见纪略》记载：

> 元鼎逾湟水至龙泉谷西北，望杀俺川，哥舒翰故壁多在，湟水出蒙谷，抵龙泉，与河合。河之上流，繇洪济梁西南行二千里，水益狭，春可涉，秋夏乃胜舟。其南三百里，三山，中高而四下曰紫山，直大羊同国，古所谓昆仑者也。虏曰闷摩黎山，东距长安五千里，河源其间，流澄缓，下稍合众流，色赤，行益远，它水并注则浊，故世举谓西戎地曰河湟。河源东北直莫贺延碛尾殆五百里，碛广五十里，北自沙州西南，入吐谷浑寝狭，故号碛尾。隐测其地，盖剑南之西。元鼎所经见，大略如此。[3]

闷摩黎山《纪略》18 以巴颜喀拉山当之，[4] 即今之巴颜喀拉山，为昆仑山的中峰。清康熙时侍卫拉锡等奉命探河源，环视星宿海之源，回奏说"周围群山，蒙古名库尔滚，即昆仑也"，清乾隆年间齐召南所著《水道提纲》曰"元代都实穷河源所称三朵甘思东北有大雪山名亦耳麻不莫剌，其山最高；译为腾乞里塔，即昆仑也"，后乾隆再遣使探察，敕编《河源记略》

---

① 参见《穆天子传》卷 2，高永旺译注，中华书局，2019。

② （汉）班固：《汉书》卷 28《地理志》，中华书局，2007，第 1611 页。

③ 吴丰培：《川藏游踪汇编》，四川民族出版社，1985，第 4 页。

④ 吴景敖：《西陲史地研究》，中华书局，1948，第 12 页。

曰："按鄂敦他腊诸山，自巴颜哈喇山东行，其北支莫大于阿克塔齐沁山，东北支莫大于巴尔布哈山，土人以此三山崇峻，俱呼为库尔坤山，即昆仑之转音也。"[1] 所谓库尔滚、腾乞里塔、库尔坤，均为昆仑之音转，依蒙古语之意，"巴颜"意为富庶，"喀拉"意为"黑色"，即以巴颜喀拉山为主体而言的昆仑山为"富庶的黑山"。

现代地理学意义上的"莽莽昆仑山脉"横贯中国西部，西起帕米尔高原，逶迤东行，长达 2500 千米，素有"亚洲脊梁"之称。昆仑山分为西昆仑山和东昆仑山两个层次，[2] 或者西昆仑山、中昆仑山和东昆仑山三个层次。[3] 西昆仑自昆盖山至琼木孜塔格绵延约 900 千米，山地宽 150 千米，平均海拔 6000 米，相对高出塔里木盆地 4000～5000 米，走向由北西-南东转为近东西向。受塔里木河支流切割，西昆仑山地河谷多呈峡谷形态，河流上游则为沿山脉走向的宽谷与盆地。主要山峰有 7719 米的公格尔山、7546 米的慕士塔格山、6638 米的慕士山等，其融水汇成河，是塔里木盆地荒漠绿洲的宝贵水源。昆仑山由琼木孜塔格经木孜塔格峰东行，至青海西界，即所谓东昆仑山脉，自北而南分为三支：北支为祁曼塔格山，构成塔里木盆地与柴达木盆地的界山，北接祁连山、贺兰山、阴山等；中支为巴颜喀拉山，阿尼玛卿山（积石山）、岷山、秦岭等；南支是唐古拉山、可可西里山、横断山、南岭等。北中南三支即顾颉刚先生所言之北支为阴山山系、中支为北岭山系、南支为南岭山系。[4] 换言之，昆仑山脉的主峰巴颜喀拉山、支脉唐古拉山（南）、阿尼玛卿山（中）、祁连山（北）均在河源地域。

昆仑山脉之三个层次的划分，是将两分法中的东昆仑分为中昆仑和东昆仑，认为中昆仑自北向南分为三支，即北支的祁漫塔格山、中支的阿尔格塔格山、博卡雷克塔格山和南支的可可西里山。东昆仑山则主要包括布尔汗布达山、阿尼玛卿山和巴颜喀拉山，上述昆仑山的支脉自西而东山势渐低。饶有趣味的是，《山海经》中的昆仑亦由西部、本部和东部三区组成（如表 2-5 所示），似可与上述内容相印证。

---

① （清）纪昀等：《钦定河源记略》，中华书局，2016，第 164 页。
② 参见郑度等《中国的青藏高原》，科学出版社，1995，第 20 页。
③ 参见郑度主编《喀喇昆仑山-昆仑山地区自然地理》，科学出版社，1999，第 1 页。
④ 参见顾颉刚注释《禹贡》，侯仁之主编《中国古代地理名著选读》第 1 辑，科学出版社，2005，第 38 页。

表 2-5 《山海经》中的昆仑三区

昆仑西部	乐游之山	
	流沙及嬴母之山	
	轩辕之丘	
	玉山	
	积石之山	
	阴山	
	长留之山	
	章莪之山	
	三危之山	
	天山	
	泐山	
	翼望之山	
	騩山	
	符惕之山	
昆仑本部	昆仑之丘（昆仑之虚）	敦丘
		陶丘
		融丘
昆仑东部	崇吾之山	
	长沙之山	
	不周之山	
	峚山	
	钟山	
	泰器之山	
	槐江之山	

资料来源：笔者根据资料整理而得。

关于昆仑之丘，《山海经·西山经》中有详细记载：

西南四百里，曰昆仑之丘，实惟帝之下都，神陆吾司之。其神状虎身而九尾，人面而虎爪，是神也，司天之九部及帝之囿时。有兽焉，其状如羊而四角，名曰土蝼，是食人。有鸟焉，其状如蜂，大如鸳鸯，

名曰钦原，蠚鸟兽则死，蠚木则枯。有鸟焉，其名曰鹒鸟，是司帝之
百服。有木焉，其状如棠，黄华赤实，其味如李而无核，名曰沙棠，
可以御水，食之使人不溺。有草焉，名曰薲草，其状如葵，其味如葱，
食之已劳。河水出焉，而南流东注于无达。赤水出焉，而东南流注于
汜天之水。洋水出焉，而西南流注于丑涂之水。黑水出焉，而西流于
大杅。是多怪鸟兽。①

《海内西经》里面，将"昆仑之丘"称为"昆仑之虚"：

> 海内昆仑之虚，在西北，帝之下都。昆仑之虚，方八百里，高万
> 仞。上有木禾，长五寻，大五围。面有九井，以玉为槛。面有九门，
> 门有开明兽守之，百神之所在。在八隅之岩，赤水之际，非仁羿莫能
> 上冈之岩。②

"虚"为"丘"之繁文。《尔雅·释丘》云："丘，一成为敦丘，再成为陶
丘，再成锐上为融丘，三成为昆仑丘。"③ 表明"帝下之都"昆仑之丘有敦
丘、陶丘、融丘三重。就中国的地貌结构而言，由西到东呈三级阶梯。最高
一级为昆仑，是有"世界屋脊"之称的青藏高原，海拔在 4000 米以上；第二
级海拔为 1000~2000 米，由一系列山脉、高原和盆地组成，如黄土高原、东
北平原、四川盆地等；最后一级海拔在 1000 米以下，以平原和丘陵为主。

河源地区地势总体上也是由西向东倾斜并依次形成三级阶梯的地形构
造，与整个中国的地形构造近似。今天的巴颜喀拉山南麓，如石渠、德格
等地可明显分为三重：第一重海拔为 3700~4300 米，为河谷底部、河滩
及沼泽之地，其间布满苔草，形成草墩，故谓之"敦丘"；第二重海拔为
4200~4800 米，为河谷两岸蜿蜒分布的高原低丘，丘体浑固，有如反扣的陶
钵，故谓之"陶丘"；第三重海拔在 4800 米以上，常年积雪，冰川密布，
冰冻风化作用十分强烈，植被矮化，多呈紫色，有"紫山"之称，在雪线

---

① 《山海经》，方韬译注，中华书局，2011，第 48 页。
② 《山海经》，方韬译注，中华书局，2011，第 264 页。
③ 《尔雅》，管锡华译注，中华书局，2014，第 436 页。

附近冬冻夏融，故谓之"融丘"。

藏民族生活的广袤区域，也以地理位置、地形及物产的划分标准，被分为上、中、下三部。《贤者喜宴》中有这样的记载："其时，上部阿里三围状如池沼，中部卫藏四如形如沟渠，下部朵康三岗宛似田畴，这些均淹没于大海之中。……阿里三围为鹿、野驴兽区，中部四如为虎、豹猛兽区，下部六岗为飞禽鸣鸟区。"[①] 上部阿里三围，由雪山与石山环绕，犹如一个池沼；中部卫藏四如，是山岩与水流相击之地，犹如一条水渠；下部朵康三岗，为森林草原之区，犹如一块平坦的田地。这三部是今天的卫藏（西藏大部分地区）、康巴（川西、藏东地区）和安多（青海与甘肃的涉藏地区）。19 世纪的藏族学者智观巴·贡却乎丹巴绕吉的《安多政教史》中提及：汉地白塔寺（即今甘肃省刘家峡黄河水库处）以西到黄河发源地为安多地区，并认为"安多"一词来源于阿庆冈嘉雪山与多拉山两座山峰之名的首字，合起来把自此以下区域称为安多。[②] 阿庆冈嘉雪山属巴颜喀拉山系，是今柴达木、玉树与果洛三区域的界山，其主峰岗扎日是长江北源楚玛尔河的发源地，多拉山则是祁连山主峰。佛教传入后，这片区域便成为吉祥雪山环绕的神圣地区，称为雪域之地。由此，雪山也被按照山顶、山腰、山脚分为三层：雪山顶皑皑白雪与其崇尚的神灵色彩——白色合一，意味着神圣与圣洁；中层是雪线所在；下层是莽莽森林与青青草地。

清代以圆明园为核心的三山五园，不仅是中国古典园林集大成之作，而且是与紫禁城内外相维的政治中心。圆明园建设过程中的重要设计理念是移天缩地，昭示着"普天之下，莫非王土"的王朝意志。从西北紫碧山房到东南的福海，象征着华夏神州西北高东南低的大势，紫碧山房代表着最高的昆仑山。后来又由紫碧山房引清河水进入圆明园，形成水源从西北流向南、东和东南方向的格局，与大河之源发于昆仑相对应。由此，也奠定了"昆仑"成为中国万山之祖、河源之根的重要地位。

三 河源昆仑与华夏民族

河源昆仑乃华夏民族的发源地与初居地。《国语·周语》之《太子晋谏

---

① 巴卧·祖拉陈瓦：《贤者喜宴》，黄颢、周润年译，中央民族大学出版社，2010，第 57 页。

② 智观巴·贡却乎丹巴绕吉：《安多政教史》，吴均等译，甘肃民族出版社，1989，第 2 页。

灵王壅谷水》篇中已称当时的华夏子孙"皆黄、炎之后也"。① 黄炎从何而来？《国语·晋语四》之"重耳婚媾怀嬴"篇云："昔少典娶于有蟜氏，生黄帝、炎帝。黄帝以姬水成，炎帝以姜水成。成而异德，故黄帝为姬，炎帝为姜，二帝用师以相济也，异德之故也。异姓则异德，异德则异类。异类虽近，男女相及，以生民也。同姓则同德，同德则同心，同心则同志。同志虽远，男女不相及，畏黩敬也。"② 司马贞《史记索隐》指出："少典者，诸侯国号，非人名也。"③ 因此，《晋语》这段话以地理关系指明炎黄二帝是少典、有蟜两族互婚之后，衍生出来的两个新的氏族部落，即姬姓与姜姓的渊源。

郦道元《水经注》云："岐水又东，径姜氏城南，为姜水。按《世本》，炎帝姜姓。《帝王世纪》曰：炎帝神农氏，姜姓，母女登游华阳，感神而生炎帝，长于姜水。是其地也。"④ 顾颉刚先生说："姜戎亦姜姓，亦四岳之裔胄。知申、吕、齐、许者，戎之进于中国者也；姜戎者，戎之滞于原始状态者也。"⑤ 姜水即羌水或桓水，义为羌地之水。羌入中原是为姜姓，姜姓始祖是炎帝，姬姓始祖是黄帝。刘起釪先生在《姬姜与氐羌的渊源关系》一文中，认为古姬水就是今大夏河，与姬水同出于河源昆仑之西倾山，一入黄河，一入长江，是黄帝与炎帝的发祥地。⑥ 饮水思源，是河源地区孕育了华夏民族。

从文字记载来看，称古代中国为"华夏"起于春秋时期。

"华"字最早见于《左传》：

> 裔不谋夏，夷不乱华。（定公十年）
> 获戎失华，无乃不可乎？（襄公四年）

可见"华"是与"戎""夷"相对而出现的。《说文解字》载，"华，

① 《国语》，陈桐生译注，中华书局，2013，第 115 页。
② 韦昭注："姬、姜，水名。成，谓所生长而成功也。"《国语》，陈桐生译注，中华书局，2013，第 392、393 页。
③ （汉）司马迁：《史记》，中华书局，2011，第 2 页。
④ 《水经注》，陈桥驿译注，王东补注，中华书局，2016，第 139 页。
⑤ 顾颉刚：《史林杂识初编·四岳与五岳》，中华书局，1963，第 36 页。
⑥ 刘起釪：《古史续辨》，中国社会科学出版社，1991，第 171 页。

荣也"，①"华"就是"花"之荣或"国"之荣，多见于《诗经》，《小雅》有"棠棣之华""裳裳者华"，等等。更有《苕之华》之诗：

> 苕之华，芸其黄矣。心之忧矣，维其伤矣！
> 苕之华，其叶青青。知我如此，不如无生。
> 牂羊坟首，三星在罶。人可以食，鲜可以饱。②

郑笺对此云："陵苕之干，喻如京师也，其华犹诸夏也，故或谓诸夏为诸华。"③ 陵苕即为凌霄或紫葳，夏季开花，花开繁艳。郑玄以陵苕之干比京师，以陵苕之花比周的诸侯国。《国语·鲁语》："以德荣为国华。"④

《国语·周语上》载："昔我先王世后稷，以服事虞、夏。"⑤ 因周朝自称为夏文化的继承者。《说文解字》曰："夏，中国之人也。"⑥ 西周时"夏"与"中国"同义。段玉裁注载："谓以别于北方狄，东北貉，南方蛮闽，西方羌，西南僬侥，东方夷也。"⑦ 可见，"夏"亦与"狄""夷"等相对，夏居中原，戎夷居四方。

"华夏"连称，见于《左传》襄公二十六年："楚失华夏，则析公为之也。"⑧ 顾颉刚先生释为："'诸夏'为指同属周文化系统的全部诸侯国，和华夏的涵义相同。"⑨ 顾先生之学生李文实先生，在前人探讨的基础上，认为：

> "华"与"夏"是中国古代两大民族的自称，"华"系先进入中原地区的炎帝族，炎帝姜姓，是西戎羌族的一支；夏为姒姓，乃黄帝族的后裔。传说中黄炎两族曾合为部落大联盟，联合东方夷族等而形成

---

① 《说文解字》，汤可敬译注，中华书局，2018，第1246页。
② 《诗经》，王秀梅译注，中华书局，2015，第572页。
③ （清）马瑞长：《毛诗传笺通释》，陈金生点校，中华书局，1989，第788页。
④ 《国语》，陈桐生译注，中华书局，2013，第192页。
⑤ 《国语》，陈桐生译注，中华书局，2013，第3页。
⑥ 《说文解字》，汤可敬译注，中华书局，2018，第1084页。
⑦ （清）段玉裁：《说文解字注》，中华书局，2013，第666页。
⑧ 《左传》，郭丹等译注，中华书局，2012，第1371页。
⑨ 顾颉刚、王树民：《"夏"与"中国"——祖国古代的称号》，《顾颉刚全集·顾颉刚古史论文集》卷1，中华书局，2011，第648页。

华夏族……黄帝、炎帝是传说中的历史人物，它代表了中国古代两大部族；姬、姜两姓联姻，而建立初步统一的周王朝，则是为记载所证明的信史。①

第四节　"同心方"的宇宙空间模式与中华民族共有精神家园

一　《山海经》的宇宙空间模式

《山海经》以山为经，以海为纬，《山经》的"山"是山川之"山"，《海经》的"海"是指与华夏地区相比邻的四周边缘地带，两者内容、性质互不相同并且各自成体系，涵盖了上古的历史、地理与神话，是上古社会生活的百科全书。

《山海经》的宇宙模式，天与地、山与海都有明显的对应关系。天分九部，地分九域。《西次三经》云：

> 昆仑之丘，实惟帝之下都，神陆吾司之。其神状，虎身而九尾，人面而虎爪。是神也，司天之九部及帝之囿时。②

昆仑既为天帝之"下都"，则天必为天帝之"上都"。《河图括地象》云："天有九部八纪，地有九州八柱。"《吕氏春秋·有始》云："天有九野，地有九州。"③ 九部即为九野。《山海经》按照不同的族类、语言、文化和地域分为海内、海外、四荒九域。《海内经》有"九州""九岳"之说。"九"为"究者、久也"，是阳数之极，是神秘的天地之数。《山海经》传至汉朝时，共计三十二篇，刘向等人按照五方、四海、四荒的地理概念，将其整理为《五藏山经》5 篇，《海外经》4 篇，《大荒经》4 篇，以此构成《汉志》13 篇。《尔雅·释地》云："觚竹、北户、西王母、日下，谓之四荒。

① 李文实：《西陲古地与羌藏文化》，青海人民出版社，2019，第 225 页。
② 《山海经》，方韬译注，中华书局，2011，第 48 页。
③ 《吕氏春秋》，陆玖译注，中华书局，2022，第 463 页。

九夷、八狄、七戎、六蛮，谓之四海。"

四荒即地之四极、四隅：

> 大荒之中有山，名曰……东极离瞀。（《大荒东经》）
>
> 有神……处南极。（《大荒南经》）
>
> 噎处于西极。（《大荒西经》）
>
> 大荒之中有山，名曰北极天柜。（《大荒北经》）

荒或者极，指的是大地的穷极、尽头。东极、西极位于大地中心的正东、正西；南极、北极位于大地中心的正南、正北。

> 东荒东南隅有山，名皮母地丘。（《大荒东经》）
>
> 大荒东北隅中有山，名曰凶犁土丘。（《大荒东经》）
>
> 西北海之外、大荒之隅，有山而不合，名曰不周（负子）。（《大荒西经》）
>
> 西南大荒之（中）隅，有遍句常羊之山。（《大荒西经》）

天地之四隅以八座山①表示，并为正方形。

> 帝命竖亥步，自东极至于西极，五亿十选九千八百步。竖亥右手把算，左手指青丘北。一曰禹令竖亥。一曰五亿十万九千八百步。（《海外东经》）

刘昭注《后汉书·郡国志》引《山海经》曰：

> 禹使大章步，自东极至于西垂，二亿三万三千五百里七十一步；又使竖亥步，〈自〉南极（北）尽于北垂，二亿三万三千五百里七十五步。

---

① 《淮南子·地形》称之为八极之山，参见（汉）刘安著，陈广忠译注《淮南子译注》，中华书局，2016，第62页。

竖亥为大禹之臣子，以走路极快著称于世，可以看出，东极至西垂与南极至北垂的距离相等，换句话说，《山海经》中的大地是正方形。同时，山都被海水所包围，由此产生四海的观念。

> 大荒之中有山，名曰先槛大逢之山，河济所入，海北注焉。（《大荒北经》）
> 大荒之中有山，名曰不句，海水入焉。（《大荒北经》）
> 大荒之中有山，名曰融天，海水南入焉。（《大荒南经》）
> 大荒之中有山，名曰天台高山，海水入焉。（《大荒南经》）

由此可知，《山海经》构建的宇宙空间模式为地有四极、四隅，其形状为正方形；地分九域与天之九部对应，山与海对应。

二　"禹域"与九州

《潜夫论·五德志》称禹为戎禹，因"戎"字，是羌语的汉文音译，其言足以证明禹为西羌之宗祖。在古代，羌不仅遍布整个河源地区，而且在商、周时期已入中原，无疑，夏民族源于氐羌。《尚书·禹贡》首提"九州"之概念，云："禹别九州，随山浚川，任土作贡。"[1] 九州，即传说中"禹域"的疆界，是先秦时代华夏民族生息繁衍之地，具体指冀、豫、雍、荆、杨、兖、徐、青、梁九州。[2]"奠高山、大川"，并以名山、大川为各州的疆界，兖州以济水、黄河为界，青州以海和泰山为界，雍州以黑水、西河为界，荆州以荆山、衡山为界，徐州以海及泰山、淮水为界，豫州以荆山及黄河为界，梁州以华山、黑水为界。就当时九州的区划而言，雍州大致为今青海、西藏、新疆三省区所在，今河源地区都在雍州西徼。

"九州"亦相当于"九囿"[3]，是氏族部落联盟时期的自然地理区划。《国语·周语》记载：

---

① 《尚书》，王世舜、王翠叶译注，中华书局，2012，第53页。
② 《尔雅》，管锡华译注，中华书局，2014，第417~419页。
③ 《洛书》云："人皇始出，继地皇之后。兄弟九人，分理九州为九囿。"

　　昔共工弃此道也，虞于湛乐，淫失其身，欲壅防百川，堕高埋庳，以害天下。皇天弗福，庶民弗助，祸乱并兴，共工用灭。其在有虞，有崇伯鲧，播其淫心。称遂共工之过，尧用殛之于羽山。其后伯禹念前之非度，厘改制量，象物天地，比类百则，仪之于民，而度之于群生，共之从孙四岳佐之，高高下下，疏川导滞，钟水丰物，封崇九山，决汨九川，陂鄣九泽，丰殖九薮，汩越九原，宅居九隩，合通四海。故天无伏阴，地无散阳，水无沉气，火无灾燀，神无间行，民无淫心，时无逆数，物无害生。帅象禹之功，度之于轨仪，莫非嘉绩，克厌帝心。皇天嘉之，祚以天下，赐姓曰“姒”，氏曰“有夏”，谓其能以嘉祉殷富生物也。祚四岳国，命以侯伯，赐姓曰“姜”，氏曰“有吕”，谓其能为禹股肱心膂，以养物丰民人也。[1]

从这段文辞来看，共工之后，疏川导滞，钟水丰物，崇九山，汩九川，殖九薮，居九隩，通四海，开发自然、殷民富物。《左传》襄公四年魏绛引《虞人之箴》曰：“芒芒禹迹，画为九州，经启九道。民有寝庙，兽有茂草，各有攸处，德用不扰。”[2] 山川、河泽、湖泊都有自然生成的“圈”，氏族部落以此为界，民有居处，畜有牧场，互不干涉，得以安定发展。自从古史中有了九州之说，便把活动在它周围的民族，分称为东夷、南蛮、西戎、北狄。

三　五方、九州与华夏文明

　　《尚书》是中国现存古代史书中最古老的，《禹贡》则是其中最重要的一篇，它与《山海经》一致，不是以“邦”的疆域为地理的分割，而是以名山大川的自然界限为分区标准，是中国古代最具有科学性的地理记载。两者的不同之处在于《山海经》遵循的是“五方”之概念，而《禹贡》所遵循概念为“九州”。“方”原为邦国之意，甲骨文中的“羊方”“马方”“虎方”等，都为商代的邦国。“九”在古代是个虚指的极数，古书上常有

---

[1] 《国语》，陈桐生译注，中华书局，2013，第112页。
[2] 《左传》，郭丹等译注，中华书局，2012，第1086页。

所谓九山、九川、九泽、① 九河②等记载，均非实数，即数多之含义。《说文解字》解释"州"谓之："水中可居者曰州、水周绕其旁。昔尧遭洪水，民居水中高土，故曰九州。《诗》曰：'在河之州。'一曰：州，畴也，各畴其土而生也。"③ 那么所谓"州"，就是有山有水，并以之为界限。

《礼记·王制》载：

> 中国夷狄五方之民，皆有性也，不可推移。东方曰夷，被发文身，有不火食者矣。南方曰蛮，雕题交趾，有不火食者矣。西方曰戎，被发衣皮，有不粒食者矣。北方曰狄，衣羽毛穴居，有不粒食者矣。中国、夷、蛮、戎、狄皆有安居、和味、宜服、利用、备器，五方之民，言语不通，嗜欲不同。④

华夷五方格局中的"戎"，是商周时对青藏高原河源地区以"羌"为主的各族之称谓，且与翟（狄）通用。"当时羌、戎比较偏重称呼西方各族，夷比较偏重称呼东方各族。"⑤ 在中国古代典籍《尔雅》等书中，西王母被看作属于"四荒"中的"西极之地"。史书中，西周称商为"戎殷"，周文王被称为"西夷之人"。在古史传说中，也一直保留着"诸夏"或"华夏"与戎狄蛮夷有渊源关系的历史记忆。"中国"与东南西北"四夷"共同构成的"五方之民"，虽然"言语不通，嗜欲不同"，但是共处"天下"，"各美其美，美美与共"。

可见，"五方""五方之民"与"九州""九州之民"的政治地理概念在以《禹贡》《山海经》为代表的先秦典籍中，就已有了较为明确而集中的表达，意指当时禹所治理的整个天下。尤其是《山海经》在谋篇布局上构建了一个由"中心"和"四方"构成的"同心方"的世界空间模式，"中国"处于这个空间模式的中心位置，是文明的中心。关于五方、九（神）

---

① 《禹贡》云："九州攸同，四奥既宅，九山刊旅，九川条源，九泽既陂，四海会同。"引自侯仁之主编《中国古代地理名著选读》第 1 辑，科学出版社，2005，第 47 页。

② 《禹贡》云："九河既道，雷夏既泽。"引自侯仁之主编《中国古代地理名著选读》第 1 辑，科学出版社，2005，第 11 页。

③ 《说文解字》，汤可敬译注，中华书局，2018，第 2394 页。

④ 《周礼·仪礼·礼记》，陈成国点校，岳麓书社，2006，第 333 页。

⑤ 王钟翰主编《中国民族史》，中国社会科学出版社，1994，第 96 页。

州的记载往往又与昆仑相连。《河图括地象》云："地中央曰昆仑。昆仑东南，地方五千里，名曰神州。其中有五山，帝王居之。"又"地南北三亿三万五千五百里。地部之位，起形高大者，有昆仑山……其山中应于天，最居中，八十城市绕之"。因此，"天之中岳""帝下之都"的昆仑居五方或九州之中，河源昆仑不仅是中华民族母亲河的发源地，亦是华夏民族与华夏文明的形成之地，"反映出的是'华夏文化中心观'的政治地理图式，是华与夷、内与外、天下与四海的政治结构观念形态"。[①]这种秩序、体系和观念主宰支配着中华民族几千年的文明史，是中华民族共有精神家园的早期象征。

从整个华夏文明起源来看，以仰韶文化时代为起点，形成以中原为中心的文化认同趋势，伴随着虞夏商周四代王权的开展，以蛮夷戎狄四方之人为周边民族，铸就华夏中原地域的民族国家认同。华夏民族从物质到精神，彰显出文明进步和历史开拓。各民族在长期的文化交往交流交融中，孕育了文化共同体与中华文明共有精神家园，成为支撑中华民族生生不息、发展壮大的原动力。

第五节　河源文化与人类古代文明的互动

"文明"源自希腊语，原意指的是"有人居住的地方"。这个词伴随着亚历山大大帝东征，从古代希腊世界起初横跨爱琴海领地向西，继而向东进行扩张，流行于希腊历史上的希腊化时期。广袤的青藏高原河源地区是中国三大自然阶梯中最高一级，平均海拔4000米以上，高寒缺氧，资源稀缺，环境恶劣，对人类的生存构成了严峻挑战。与此同时，其所在的青藏高原也是世界上最高最大的高原，西起地中海与伊朗高原连接，东至长江中游，横跨欧亚大陆，占我国国土面积的1/4，是我国重要的生态安全屏障、战略资源储备基地，是农耕文化、游牧文化、草原文化的重要交汇点，在中华文明的形成与欧亚文明的交汇中扮演着重要角色。自古以来，河源地区特殊的地理位置架构起横贯东西、连接南北的道路网络，同时也是亚欧廊道的必经通途之一，对加强内地与边疆各民族之间的相互交往，促进

---

① 闫德亮：《中国古代神话的文化观照》，人民出版社，2008，第105、112页。

中西经济文化交流发挥着重要的作用。翻开河源地区的文明卷轴，史前文明的彩陶之路、玉石之路、青铜之路与历史文明时期的丝绸之路、唐蕃古道、茶马互市形成青藏高原纵横交错的交流网络，极大促进了文明互鉴与文化交融。

一　丝绸之路青海道

自公元前 2 世纪汉武帝命张骞通使西域，就翻开了中国与西方诸国交流的历史。两千多年来，从中国的黄河流域和长江流域的文明中心，向西延伸到了地中海东部利凡特海岸城市，横亘欧亚大陆的"丝绸之路"，贯通了"轴心时代"的人类文明，融汇了中国文明、印度文明、希腊-罗马文明，以及阿拉伯-波斯文明等诸多文明。也就是说，"丝绸之路"的开辟标志着中西方交流史上的一个新的时代的开始。"青海道"（丝绸之路南线）是"丝绸之路"的一条重要的交通路线，它是由若干条具体路线所构成的交通路网，在不同的历史时期发挥着不同的历史作用，在古代中西交通上具有重要地位和意义。

早在公元纪年前后，"丝绸之路"就是欧洲、阿拉伯世界与东方世界（Oriens）密切往来的通道。法国著名东方学家戈岱司（George Coedes）编著的《希腊拉丁作家远东古文献辑录》（1910），梳理了公元 4 世纪至公元 14 世纪，90 余部希腊拉丁著作中关于以"赛里斯国"（Seres，即丝绸之国，中国）为主的远东（包括印度、中亚一些地区）的记载。[①] 古希腊历史学家希罗多德（Herodotus），在《历史》中提及远东民族及其丝绸织物。但是包括希罗多德在内的同一历史时期的其他希腊地理、历史学家，他们对"远东"地理界限的认识仅限于"突厥斯坦"。以维吉尔（Virgile）为代表的古罗马奥古斯都黄金时代的诗人们、[②] 地理学家斯特拉波（Strabo）的著作中，多次提及"赛里斯人"（Serres）生产和运输"树叶上的羊毛"（一种漂亮的织物）——丝绸，以及这里的迥异景致；克罗狄斯·托勒密（Claudius Ptolemaeus）在《地理学》中记述，马其顿遣使到达"赛里斯国"的首都"赛斯"（Sera，洛阳）的时间是公元前 2 世纪前叶。对古代中国称谓"秦"

①　〔法〕戈岱司编《希腊拉丁作家远东古文献辑录》，耿升译，中华书局，1987，第 7~11 页。
②　另有贺拉斯（Horace）、奥维德（Ovide）等。

（Thin）和其首都"秦尼"（Thinai）的讨论，出现在公元 6 世纪拜占庭商人科斯马斯（Cosmas）的《世界基督教诸国风土记》一书中。同样，《后汉书·西域》《魏书》《晋书》《梁书》《新唐书》等中国史籍的记述，印证了欧洲历史著作中对丝绸之路重要历史事件的记载。由此可见，从公元前后至中世纪，以希腊–罗马为中心的欧洲世界对东方和"丝绸之路"已有明晰的认识。

19 世纪中叶至 20 世纪初期，通过丝绸之路西方国家陆续进入中亚和我国西部进行探险考察。1877 年，李希霍芬在托勒密和英国东方学家亨利·玉尔（Henry Yule）① 对"赛里斯国""赛里斯之路"的研究基础上，在 5 卷本巨著《中国——根据自己的亲身旅行和在此基础上进行研究的结果》（《中国亲身旅程记》）中，首次将两汉时期从中国贯穿中亚及印度之间，以"丝绸"贸易为主的"大商道"，形象地称为"丝绸之路"（Seidenstrassen）。之后，德国学者阿尔伯特·赫尔曼（Albert Herrmann）② 和法国学者勒内·格鲁塞（René Grousset）③ 在其著作中，认为"丝绸之路"可以延伸到地中海西岸和小亚细亚沿岸，并充分肯定了丝绸之路在东西方文明交流史上的重要意义。

据目前学术界考证研究，丝绸之路"青海道"初创于史前，约形成于东周时期。瑞典考古学家安特生认为距今 4000 年的齐家文化的双大耳罐，近似于希腊–罗马的安弗拉（Ampfora）罐。④ 我国著名考古学家裴文中先生在《史前时期之东西交通》一文中推断"中西交通要道"是由祁连山南，沿湟水至青海湖，再经柴达木盆地而至新疆的一条道路，其依据是青海湟水流域出土的大量新石器时代遗物。⑤ 这条道路穿过盛产美玉的昆仑山，曾把大量昆仑玉输送到中国其他地区和西亚乃至欧洲，是沟通中西交流的"玉石之路"。

历史上关于经行青海境内的最早道路记载见于先秦时期的《穆天子传》：

---

① 亨利·玉尔著有《中国和通往中国之路——中世纪关于中国的记载汇编》。
② 阿尔伯特·赫尔曼著有《中国与叙利亚间的古代丝绸之路》《从中国到罗马帝国的丝绸之路》。
③ 法国学者勒内·格鲁塞著有《从希腊到中国》。
④ 青海省文物考古研究所编《青海省考古资料汇编》（内部刊印）（一），1996，第 11 页。
⑤ 裴文中：《史前时期之东西交通》，《边政公论》第 7 卷第 4 期，1948 年。

　　壬寅，天子祭于铁山，祀于郊门，乃彻祭器于剖闾之人。温归乃膜拜而受。

　　天子已祭而行，乃遂西征。

　　庚戌，天子西征，至于玄池。天子三日休于玄池之上，乃奏广乐，三日而终，是曰乐池。天子乃树之竹，是曰竹林。

　　癸丑，天子乃遂西征。

　　天巳，天子西征。

　　己未，宿于黄鼠之山西□。

　　乃遂西征。癸亥，至于西王母之邦。①

据任乃宏考证周穆王所行经的铁山就是柴达木盆地西北部的锡铁山，后途经郣韩氏、玄池、苦山，最终到达西王母之邦所行之路，被称为"穆天子之道"，也就是原始"青海道"的雏形。

　　秦汉以前，青海的羌族，北与蒙古草原的匈奴，东与中原地区的汉族，就已经有密切的往来。秦汉之际，青海地区向北横切河西走廊至蒙古草原，向东经湟水流域至中原，向东南经岷江至四川，形成了三条主要的交通路线，是《史记》《汉书》等历史典籍记述的"羌中道"。据学者钱伯泉研究，《穆天子传》中讲述周穆王由东而西的西巡之路就是这条"羌中道"。②虽然，汉朝政权对丝绸之路东段主干线——河西走廊的维护和重视使得"羌中道"一度并未发挥重要的交通作用，但是"羌中道"为后来丝绸之路"青海道"的进一步发展和兴盛奠定了重要基础。

　　"青海道"在南北朝至唐朝时期，兴盛并进入鼎盛时期。据史料记载，刘宋建立初期，北凉政权与柔然遣使至刘宋，他们所经的道路就是"青海道"。南北朝时期，游牧王国吐谷浑③统治了青海原有的羌、氐等，其立国350年，疆域北与河西走廊相连，西与西域诸国接壤，既与南朝各政权保持朝贡关系，又与北朝各政权建立良好的外交关系，在丝绸之路"青海道"兴盛时期扮演了沟通各方的纽带角色，并一度取代了河西走廊的交通作用。

---

① 《穆天子传》，高永旺译注，中华书局，2019，第81~89页。
② 钱伯泉：《先秦时期的"丝绸之路"——〈穆天子传〉的研究》，《新疆社会科学》1982年第3期，第89页。
③ 兴起于甘肃南部、四川西北部及青海等地。

《魏书》记载，北魏大将军高凉王那征吐谷浑慕利延之时，宋云、惠生西行求法之时，所行走的路线，都经由"青海道"。梁代，"青海道"是西域的嚈哒、高昌、龟兹、于阗、波斯等不断向梁"遣使朝贡"的必由之路。北魏灭亡后，东魏、北齐也经丝绸之路"青海道"与西域等地进行交通贸易往来。另外，《续高僧传》记述，犍陀罗高僧阇那崛多经由于阗"又达吐谷浑国，便至鄯州"，[①] 鄯州（今青海乐都）是"东通五郡的西陲要地"。"青海道"因横贯吐谷浑王国，并多由吐谷浑王国掌管，被史学家称为"吐谷浑道"。此道沿线遗存的众多古城、烽火台、古渡口，以及出土的大量丝织品和西域货币等文物，印证了"吐谷浑道"兴盛的历史事实。

唐代，"唐蕃古道"进一步丰富了丝绸之路青海道的内容，不仅因为它在汉藏交往中起到了举足轻重的作用，而且是中原地区经西藏前往尼泊尔、印度等地国际通道的南亚走廊。"青唐道"是宋代丝绸之路青海道的别称，得名于北宋时期河湟地区吐蕃人建立的地方性唃厮啰政权，其都城名为"青唐"（今西宁）。11 世纪前半叶，中西贡使和商人们为避开西夏王朝控制下，盘查苛刻、税负严重的丝绸之路河西走廊段，改行"青唐道"，于是，丝绸之路青海道又经历了一段繁盛时期。

二　唐蕃古道与南亚廊道

隋唐时期，伴随着唐与吐蕃之间的密切往来，形成了举世闻名的唐蕃古道。唐蕃古道是唐都长安通往吐蕃都城逻些（今拉萨）的官道，也是汉藏两族政治、文化交流交往的一条纽带。目前，学术界已经将唐蕃古道逐渐视为丝绸之路"青海道"的一条重要支线。

吐蕃王朝勃兴后，与唐时战时和，为使臣往来、政治经济与文化交流之需而开辟的唐蕃古道，绵延 3000 多千米，"唐蕃驿道"以长安城为起点，沿渭河西溯，越陇山，经天水、陇西、渭源，至临洮分为两道，或北山兰州，沿黄河北岸西行至乐都到西宁，或西北行至临夏，转北行渡黄河，又经乐都至西宁。这段被称为唐蕃古道的东段道路是丝绸之路青海道的重要组成部分。

西宁以西的路线在《新唐书·地理志》（鄯城条）中以鄯州（治今青海

---

① （唐）道宣：《续高僧传》卷 2，中华书局，2014，第 433 页。

乐都）鄯城县为起点：

> （鄯城县）有河源军，西六十里有临蕃城（今湟中区多巴镇，一说镇海堡），又西六十里有白水军、绥戎城（今湟源县东之北古城），又西南六十里有定戎城（今湟源县日月乡），又南隔涧七里有天威军，军故石堡城（大小方台）……又西二十里至赤岭（日月山），其西吐蕃，有开元中分界碑。自振武（即石堡城）经尉迟川（今称倒淌河）、苦拔海（今称泵海）、王孝杰米栅（今共和县恰卜恰镇北东巴古城）九十里至莫离驿（今共和县东坝附近，一说在共和县达连海一带），又经公主佛堂、大非川（今兴海县大河坝）二百八十里至那录驿（水塔拉河中游地区），吐谷浑界也。又经暖泉（今温泉）、列谟海（今苦海）四百四十里渡黄河，又西四百七十里至众龙驿（今称多县清水河乡）；又渡西月河（今扎曲），二百一十里至多弥国西界。又经牦牛河，度藤桥（今通天河泵多渡口），百里至列驿（今玉树市结隆乡）。又经食堂、吐蕃村（今玉树市年吉措）、截支桥（今子曲），两石南北相当。又经截支川，四百四十里至婆驿（子曲河上游），乃度大月河罗桥，经潭池、鱼池，五百三十里至悉诺罗驿（今当曲以北加力曲一带）……至赞普牙帐。[1]

《新唐书·地理》鄯城条下所记入蕃路线含有唐蕃间吐蕃境内的多个地名，是迄今最为完整详细的唐蕃间古代交通历史文献。鄯州至"赞普牙帐"的道路，除了一条天堑黄河和《释迦方志》所称"漫天岭"的小积石山道难行外，一路皆是平坦宽畅的黄河、湟水谷地和山谷道路。由此可知，这条道路是自古以来，沿着河源地区的地形地貌特征开拓出的一条易于行走的道路，也是唐朝入吐蕃的主要道路。

唐蕃古道对中原王朝与河源地区的沟通、交往发挥了不可替代的作用，同时对推动中国与印度以及其他南亚国家的交往也发挥了重要作用。英国学者提姆·威廉姆斯（Tim Williams）教授认为，大量极为重要的穿越青藏高原的线路连接了中国西部与南亚和中亚，是该地区发展的重要基础，因

---

[1] （宋）欧阳修等：《新唐书》卷40《地理》，中华书局，1975，第1041页。

此将这条道路也称为"南亚廊道"。① 上述从鄯州至吐蕃的道路正是南亚廊道中线（吐蕃婆尼罗道）的中段路线，以及中线与西线（狭义的丝绸之路南线）之间的连接通道。②

三 茶马古道与文明古道

"茶马古道"兴于唐宋，盛于明清，是汉、藏之间因进行茶马交换而形成的一条交通要道。同时，它也是中国各民族交流的文化廊道，是一条跨越海拔高差最大，自然旖旎的生态走廊。被认为是"古代文明古道"③ 的茶马古道是一个有着特定含义的历史概念，"是中国对外交流的第五条通道，同海上之道，西域之道，南方丝绸之路，唐蕃'麝香丝绸之路'有着同样的历史价值和地位"。④

"茶马古道"空间范围主体在中国的云、贵、川、藏、陕、甘、青七省区，向外延伸至整个亚洲区域，通过贸易与文化联系起东亚中华文明、南亚印度文明、东南亚湄公河流域文化、西亚伊斯兰文明。向内，"茶马古道"沟通汉藏和各少数民族，通过民间贸易、人群迁徙和文化交流，使这一区域各民族和族群在保持各自文化特色的同时，对中央王朝臣服并产生文化认同，促成了中国边疆逐步纳入中华文明多元统一的格局。

从有关历史文献记载看，茶马古道的历史可以追溯到唐朝与吐蕃的交往时期。唐朝饮茶风俗"始自中地流于塞外"，⑤ 当唐朝开始盛行饮茶时，吐蕃地区也在同时兴起饮茶之风，"茶为食物，无异米盐，于人所资，远近同俗。既祛竭乏，难舍斯须，田间之间，嗜好尤切"。⑥ 唐玄宗开元年间（713~741 年），吐蕃与唐在赤岭（今青海湖东岸日月山）、陇州塞等处互市，互市在历史上又被称为交市、合市等，马匹、茶叶和绢帛为主要交换商品。《资治通鉴》对此的记载是：开元十九年九月，"吐蕃遣其相论尚它硉入见，

---

① Tim Williams, *The Silk Road: An ICOMOS Thematic Study*, ICOMOS 网络出版书籍，2014。
② 孙华等：《丝绸之路南亚廊道东线初论——遗产范围、开辟过程、重要路段和价值意义》，北京大学考古文博院、北京大学中国考古学研究中心编《考古学研究》第 11 辑，科学出版社，2020。
③ 陈宝亚：《论茶马古道的起源》，《思想战线》2004 年第 4 期。
④ 木霁弘等：《滇藏川"大三角"文化探秘》，云南大学出版社，2003，第 11 页。
⑤ 《封氏闻见记》卷 6《饮茶》。
⑥ （后晋）刘昫等：《旧唐书》卷 173《李钰》，中华书局，1975，第 4503~4504 页。

请于赤岭为互市。许之"。① 唐宪宗元和十年（815），"吐蕃款陇州塞，请互市，许之"。②

《汉藏史集——贤者喜乐赡部洲明鉴》还记载吐蕃都松莽布支（亦称龙朗楚吉杰波）在位时第一次出现茶叶和茶碗的情形。据说，都松莽布支得了一场重病，无药可医，唯有将一只美丽的小鸟衔来的树叶作为饮料后，病体痊愈。为了盛装这种上等神奇的树叶，都松莽布支派遣专门的使者向唐朝请求赐予茶碗等。唐朝皇帝派去一位能工巧匠，利用吐蕃府库贮藏的陶土等原材料，因地制宜，制作出寓意为"长寿富足"的"兴寿碗"。兴寿碗分为三等，上等碗上绘有鸟衔树枝的图案，以示吐蕃关于茶叶来源的美好传说。③ 吐蕃本地可供王公贵族烹制享用的茶叶共有 16 种之多。④

不过，茶马贸易与茶马古道大规模的开通与兴盛始于宋代，也就是吐蕃王朝崩溃的分裂时期。"茶之为物，西戎吐蕃，古今皆仰给之，以其腥肉之食，非茶不消，青稞之热，非茶不解，故不能不赖于此。"⑤ 此时，茶饮已经成为高原人们日常生活中不可或缺的饮用品。"中夏需马，蕃人嗜茶，互通有无，商业勃兴。"⑥ 两宋时期，为对抗北方辽、金、西夏等游牧民族，需要大量战马。北宋熙宁七年（1074）设立茶马司，并设置了众多买马场和卖茶场。从此，汉藏茶马贸易兴起。北宋哲宗元符三年（1100）河源地区的黄南、海南专供茶马运输的党项茶马古道逐渐成为茶马运输的主线。

元代战马充足，但仍然十分重视茶叶向藏区的销售，设立"西蕃茶提举司"，并形成一个新的茶叶品种，名为"西蕃茶"。

明代，茶马互市更为牢固和繁荣，亦是汉藏茶马贸易的极盛期。一方面，明朝为抵御蒙古，需要大批良马装备军队；另一方面，藏族嗜茶，"不

① （宋）司马光编著，（元）胡三省音注《资治通鉴》卷 213 "唐玄宗开元十九（731）九月"条，中华书局，2018。
② （宋）司马光编著，（元）胡三省音注《资治通鉴》卷 239 "唐宪宗元和十年（815）十一月"条，中华书局，2018。
③ 达仓宗巴·班觉桑布：《汉藏史集——贤者喜乐赡部洲明鉴》，陈庆英译，西藏人民出版社，1986，第 92~94 页。
④ 达仓宗巴·班觉桑布：《汉藏史集——贤者喜乐赡部洲明鉴》，陈庆英译，西藏人民出版社，1986，第 128 页。
⑤ 王廷相：《王氏家藏集》卷 2《严茶（蜀茶）》，（明）陈子龙等选辑《明经世文编》（影印版），中华书局，1962，第 1489 页。
⑥ 仁乃强：《康藏地史大纲》，西藏古籍出版社，2000，第 46 页。

得茶，则困以病"。明代设置茶课司与茶运司两个管理机构作为茶马互市的专门机构，前者负责茶叶征收，后者负责管理具体的茶马贸易，在西宁、河州和洮州形成茶马贸易三大中心。《秦边记略》记述，西宁有"纳茶马者，熟番十三族"，包括申藏、章哑、隆奔、巴沙、革哑、申中、隆卜、西纳、果迷卜哑、阿齐、嘉尔即、巴哇、即尔嘉。① 《明英宗实录》中录有明朝廷以茶治藏之策："以其地皆肉食，倚中国茶为命，故设茶课司于天全六番，令以市马，而入贡者又优以茶布。诸番恋贡市之利，且欲保世官，不敢为变"，茶成为明朝廷牵制、笼络藏区僧俗首领和对其优予贡利的主要物品。同时，"市买私茶等货，以此缘（沿）途多用船车，人力运送，连年累月，络绎道路"。② 可见，当时茶叶输藏之繁盛。

清沿明制，而且茶叶输藏的规模得以扩大，汉藏茶道得以拓展，增设甘州、庄浪两个茶马司。雍正年间（1723～1735年），由于茶马贸易实行日久，积弊丛生，而且清朝幅员广大，前期国力强盛，马匹易得，实行千余年的茶马贸易制度从此被废除，茶马司改为"茶司"。清初，清廷与青海蒙古诸部继续开展边口互市，丹噶尔（今青海湟源）互市因"路通西藏，逼近青海"而盛极一时，一度成为"汉土回民远近蕃人及蒙古往来交易之所"。③ 因此，茶马古道不仅成为汉藏之间一条重要经济纽带，同时也是汉藏之间一条重要的政治和文化纽带，它对于加强中央与地方乃至汉藏人民之间的依存关系发挥了极其重要的作用。

---

① （清）梁份：《秦边纪略》，赵盛世等校注，青海人民出版社，1987，第51页。
② 《明英宗实录》卷177。
③ （清）杨志平：《丹噶尔厅志》，何平顺等标注，马忠校订，青海人民出版社，2016，第342页。

第三章

青藏高原生态伦理思想：人与自然

美国学者奥尔多·利奥波德（Aldo Leopold）的《沙乡年鉴》（A Sand County Almanac）被誉为"土地伦理学"的开山之作，从文化传统的角度深刻阐述了人与自然应该具备的关系，倡导一种"新的伦理"，即"一种处理人与土地，以及人与在土地上生长的动物和植物之间的伦理观"。

第一节　尊重自然，顺应自然

一　关于"自然"

何为"自然"？"自然"之概念，几乎贯穿了整个人类思想史。在《韦氏大学类义词词典》（*Webster's Collegiate Thesaurus*，1976）中，"nature"的同义词被分为四种，其中第二种含义与"being"（存在）同义，是"essence"（本质）。第四种含义与"cosmos"和"creation"（造化）同义，是"universe"（宇宙）。因此，nature 既指大自然、宇宙、世界，更指"存在"，即人与世界共有的本质、精神和根本规律。

苏格拉底前的希腊哲学家多以"自然"为题书写，其中以巴门尼德（Parmenides of Elea）的文章《论自然》最为著名，从这篇文章的论述中我们可以看出，"nature"的含义相当的哲学化，与"真理"（真实）等同，可以理解为"根本的规律"。换言之，在希腊文中"nature"的本义是指人所处的世界的根本规律，后来被用来指根本规律所统治的世界，即我们通常所说的"大自然"。希腊文中还有一个单词为"宇宙"，其拉丁文形式是"cosmos"，本义是秩序、和谐，即统治整个宇宙的秩序和和谐，后来用来指通常意义上的"宇宙"。cosmos 与 nature 词义的演变具有异质同构性。因此，在 13 世纪之前"自然"的意思是"事物的本质或特征"；此后的几个世纪里，它又演变成"指导世界和人类的内在力量"；从 16 世纪、17 世纪开始，"自然"的含义又转变为"作为整体的物质世界"；在 18 世纪的思想家那里，自然与文明相对，自然的与人工的相对，自然人与城市人相对，"自然的状态"是纯朴的、美好的和健康的状态，与之相对的则是现存腐败的、人工的和机械的社会。

自然世界中的花开鸟啼、寒暑交替，无不表现出一种天籁之美，这种美是天地之大美，是宗白华先生所说的"大自然中有一种不可思议的活力，推动无生界以至于有机界，从有机界以至于最高的生命、理性、情绪、感觉。这个活力是一切生命的源泉，也是一切'美'的源泉"。[①] 生生不息的

[①]　宗白华：《艺境》，安徽教育出版社，2000，第 98 页。

自然精神作为美的根源，既是无尽的生命、丰富的动力，同时也包含着严整的秩序、圆满的和谐，因此表现在事物具体的生命活动展开过程中，既是一种生机勃发的状态，又暗中契合着规律和秩序，是一种感性与理性、个体与普遍浑融无间的理想状态。在这个万物紧密相连的宇宙里，人类负有重大责任，每一个行动都有眼前看不到的后果。过去、现在与未来形成一个连续体，每一代所继承的世界都是祖先形塑而成的，同时负担着为后代子孙护守地球的任务。许多世界观都赋予人类重责：我们是宇宙体系的守护者，护守着星辰绕轨道运行，确保世界完好无伤。

二 人诗意地栖居于大地之上

> 充满劳绩，然而人诗意地，
> 栖居在这片大地上
>
> ——荷尔德林

此诗句是德国古典浪漫派诗歌先驱荷尔德林（Johann Christian Friedrich Hölderlin）后期创作的一首诗歌中的诗句，海德格尔（Martin Heidegger）在1951年的演讲中将其作为开篇词。海德格尔在分析论述这句诗的意义时，特别强调了"诗意"（poetically，德文是 dichterisch）的重要性。他指出："对于人的栖居来说，诗意是最基本的能力。……诗使栖居有了意义，诗与栖居不仅不能分离，正相反，还应当相互从属、相互召唤。"[1] 英国生态批评领域领军人物乔纳森·贝特（Jonathan Bate）则从生态含义的角度对这两句诗做了以下分析："栖居"（dwells，德文是 wohnet）意味着一种归属感，一种人从属于大地、被大自然所接纳、与大自然共存的感觉，其对立面是失去家园（homelessness）。这种归属感产生的前提，就是必须尊重大地，对所栖居的大地负责。[2] 马克思生态思想的核心就是人与自然的关系问题。"人靠自然界生活……人是自然界的一部分。"[3] 处理好人与自然的关系是处

---

[1] 《……人诗意地栖居……》系海德格尔1951年所做的演讲，首次发表于1954年。同年收入《演讲与论文集》，由纳斯克（弗林根）出版社出版（后被辑为海氏《全集》第7卷）。中译文据《演讲与论文集》，1978年第四版译出。

[2] Jonathan Bate, *The Song of the Earth*, Harvard University Press, 2000, pp. 258-260.

[3] 《马克思恩格斯全集》第3卷，人民出版社，2002，第272页。

理好人与社会以及其他关系的前提和基础。"诗意地栖居"在一定程度上是对马克思主义人与自然和谐相处的生态思想的本质特性的集中体现。

三　人类与自然密不可分

茅盾认为，"神话是各民族在上古时代生活和思想的产物"。[①] 神话作为人类非理性思维的集合，包含着人们对本源的质问与向往，对当代人找回人类在自然中的真实地位和重建自然与人类的正确关系具有重大的意义。

在神话里：

> 一切存在都是有生命的。或者那里不存在我们所说的"东西"，只存在着参与同一生命潮流的那些有灵气的存在物——人类、动物、植物或者石头。……正是通过这种关系，通过与树的共存，通过作为人的生命意象的甘薯，一句话，通过生动形象的神话，人才懂得自己的存在，认识自己。……只有在神话中才能找到自己存在的证据。神话把他和宇宙联系在一起，与一切生命联系在一起。……神话追溯并公开宣布了人与周围环境，与他的栖息地、与他的部落，以及他的行为准则的联系。[②]

世界各国的神话都突出地表现了人与自然密切的关系，神话可以说是生态思想的最早源泉。希腊神话中记述，当宙斯决定消灭人类并向大地降下大洪水以示惩罚时，忒萨利亚地方佛提亚城的国王普罗米修斯（Prometheus）和普罗诺亚（Pronoea）的儿子丢卡利翁（Deucalion）听从了父亲的劝告，造了一只小船，他和妻子皮拉（Pyrrha）——人类仅存的两人——因而得救。第九天，丢卡利翁的船停在帕尔纳索斯山顶峰旁。他们夫妇提出了人类如何重新繁衍的问题，帕尔纳索斯忒弥斯的神示答道：他们必须把母亲的骨头越肩扔向身后。丢卡利翁领悟到：大地便是母亲，母亲的骨头便是

---

① 茅盾：《中国神话研究初探》，上海古籍出版社，2005，第 5 页。
② 〔美〕阿兰·邓迪斯编《西方神话学论文选》，朝戈金等译，上海文艺出版社，1994，第310 页。

石头。丢卡利翁投掷的石头变成男人，皮拉投掷的石头变成女人。① 古罗马诗人奥维德在《变形记》中写道："普罗米修斯用这土和清冽的泉水掺和起来，捏出了像主宰一切的天神的形象，还从各种动物那里摄取善恶放在人心中。"② 此外，诞生在日耳曼民族中的条顿神话则讲述了大神奥丁等用树木造人的故事："他们将树干做成两个人形，奥丁给他们以呼吸，霍尼尔给他们以灵魂和感觉，洛陀尔给他们以生命的温暖和肉色。男人叫阿斯克（Ask，桧木），女人叫恩巴拉（Embla，葡萄树），是人类的始祖。"③

图腾（Totem）一词来自奥吉布瓦（Ojibwa）印第安人的方言 Ototeman，意为"兄妹亲属关系"或"他的亲族"。印第安人认为人与某种动物、植物或非生物有一种特殊的亲族关系，每个氏族都源于某种动物、植物或非生物，那个根源物就是图腾。在阿尔衮琴（Algonquin）印第安人的神话里，人是用大地母亲的血肉创造出来的。太阳神"格鲁斯卡普用他母亲的身体造成了太阳和月亮，走兽和鱼群，以及人类；而那心怀恶意的马尔塞姆造出了山谷、蛇和一切他认为可以使人类不方便的东西"。④

爪哇的一则神话对人类的起源以及男女特征的形成做了有趣的解释：

> 当创造神创造了天空、太阳、月亮和大地的时候，也试图要创造人类。他抓起几把黏土捏了个人像。然后他叫来了自己创造的一个精灵，命令他给人像以生命。谁知，因为黏土的人像太重，精灵拿不动而摔在地上，摔成了数千个碎片，不过因为精灵已经给了黏土的人像以灵魂，因而这些碎片也就各自变成了魔鬼。
>
> 看到这些情况，创造神又用黏土捏了个人像，而且看上去还很漂亮。于是就赋予男人的外观和三位一体的力量，即生命和情意、意志和性格、精神和灵魂。被赋予这些特征后，人就具备了生命，也就是被创造出来了。

---

① 〔苏联〕M. H. 鲍特文尼克等编著《神话辞典》，黄鸿森、温乃铮译，商务印书馆，2015，第 85 页。
② 〔古罗马〕奥维德：《变形记》，杨周翰译，人民文学出版社，1984，第 3 页。
③ 〔法〕G. H. 吕凯等编著《世界神话百科全书》，徐汝丹等译，上海文艺出版社，1992，第 359 页。
④ 丰华瞻编译《世界神话传说选》，外国文学出版社，1982，第 200 页。

后来，创造神想：光这一个人不会繁衍后代，再给他做个老婆吧。但是，黏土没有了，怎么办呢？创造神就把世上各种现象组合在一起做成了一个女性，交给那个男人做老婆。那些现象有：月亮的圆缺、藤蔓的缠绕、蛇的蜿蜒、草的摇动、麦秆的苗条、花卉的芳香、树叶的轻柔、獐鹿的眼神、阳光的明媚、和风的敏快、浓云的雨滴、绒毛的纤细，以及小鸟的易惊、蜂蜜的甘甜、孔雀的虚荣、燕子的柳腰、钻石的精美和雉鸡的鸣叫等等。①

根据亚马孙流域西北边的达沙纳（Desana）人的说法，宇宙的创造者是太阳帕基阿比（Page Abe），月亮是它的双胞胎兄弟。太阳将响尾蛇般的尾巴深深插入地下，穿进了地底的繁生乐园奶之河（Ahpikondia）。帕基阿比将尾巴直竖，不投下一丝阴影，瀑布般播下超自然的种子，让大地受孕，创造了人类。由此可见，自然世界内蕴稳定力量，因为所有自然元素形成一个互惠的网络，大地与山峦、森林、河川、动物、植物及达沙纳人之间，均存在这种互惠关系，并与宇宙万物和谐共存。

中国著名的女娲抟土造人神话是这类神话的典型。据《太平御览》卷78引《风俗通义》载："俗说开天辟地，未有人民。女娲抟黄土作人，剧务，力不暇供，乃引绳絚泥中，举以为人。故富贵贤知者，黄土人也；贫贱凡庸者，引絚人也。"② 意思是说，上古时代，天地初始，地上没有人类，女娲用黄土造人，任务繁重，无力供应所需，她就把蘸了泥泞的绳子举起挥洒，那些溅落的泥点也就变成了人。后世中那些富贵贤能的人是女娲亲手用黄土捏制的，而那些贫贱凡庸的人，则是女娲用绳子挥洒出来的。

在云南独龙族中，流传着嘎美、嘎莎共同造人的神话："在荒远的古代，地上没有人。一天，天上的大神嘎美和嘎莎来到了姆逮义陇嘎地方，打算在这里造人。这里是一块大得望不到边的岩石，嘎美和嘎莎用双手在岩石上搓出了泥土，用泥土捏成了泥巴团，又用泥巴团来捏人。不一会儿，

---

① 〔日〕大林太良：《神话学入门》，林相泰，贾福永译，中国民间文艺出版社，1988，第64、65页。
② （宋）李昉等：《太平御览》（全4册），中华书局，1995，第189页。

人的头捏出来了，身子捏出来了，手捏出来了，脚捏出来了。人捏成功了。嘎美、嘎莎想：有男有女才能传后代，于是就捏出了一男一女。第一个捏出来的是男人，取名叫做普；第二个捏出来的是女人，取名叫做姆。"[1] 所有这些有关人类起源的神话都传达出人类与自然密不可分的信息，显示出人类与万物同源的关系，就像希腊神话里的无敌英雄安泰俄斯（Antaeus）[2]的隐喻意义一样，只要他的身体不离开自然的母亲——大地，就可以获得无穷无尽的力量，就会是不可战胜的。

河源地区藏族最古老的问答歌——《斯巴形成歌》记述，斯巴（宇宙、自然万物）都是由生命体转化而来的，其形状特征也是某种生物生命机体或生命现象的体现。这种民间原始的生态思维被高原的人们所接受，高原上的每一座大的山脉、每一条大的江河、每一处大的湖泊，都被赋予了美丽的神话传说。

四 人类受到自然的惩罚

同样，人会因为摧残掠夺动植物受到自然的惩罚。希腊神话中有关神使赫尔墨斯（Hermes）情人德律俄普斯（Drypos）[3] 的故事就是其中著名的一个：

这一天，德律俄普斯怀抱幼子，与妹妹伊俄勒一起在小河边散步。为逗乐她的宝贝，她随手摘下身边一株忘忧树上盛开着的几朵花。她万万没有想到，忘忧树枝叶的创伤处竟然血流如注，鲜血顺着树干滴落。这情景让德律俄普斯大惊失色。她扭身想逃走，却无论怎样也迈不开步。低头一看，原来她的双脚已经生根，再也无法挪动。树皮包住了她的腿，并且还在迅速向上延伸。她连忙把孩子交给妹妹。伊俄勒接过孩子，却无法阻止姐姐化成一棵树，只能一手搂住那尚带体温的树干大哭。在树皮即将覆盖头部之际，德律俄普斯留下了最后几句

---

① 陶立璠等编《中国少数民族神话汇编·人类起源篇》，中央民族学院少数民族古籍整理出版规划领导小组办公室，1984，第250页。

② 〔苏联〕M. H. 鲍特文尼克等编著《神话辞典》，黄鸿森、温乃铮译，商务印书馆，2015，第47页。

③ 奥维德认为德律俄普斯是太阳神阿波罗的情人。

话："将来告诉我儿子，妈妈就在这棵树里。永远不要折枝摘花。每一
丛灌木都可能是神灵的化身。"①

　　纳瓦霍（Navajo）印第安人所崇拜的主神没有名字，因为他无处不在。
"他是不可知的力量。我们通过崇拜他的创造物来崇拜他。……世间万物都
有他的精神。……我们必须尊敬他所有的创造物。"② 莫尔皮马（Pima）印
第安人的创世神话里记述了一个这样的情节：有一个时期，地上的人繁殖
过量，"以至食物和水都不够了。他们从不生病，也没有人死去。最后，人
太多了，不得不互相吃掉。大地之主因没有足够的食物和水供给所有的人，
就把他们全部杀光"，再创造新的人类。③ 这个神话中"大地之主"可以看
成大自然伟大力量的象征。神话暗含的警示意义在于：如果人类不能主动
控制自己的膨胀而达到了打破自然平衡的地步，其结果将是人们为了争夺
匮乏的自然资源而相互残杀，而且，自然也必然要惩罚人类，那种惩罚是
严酷的，甚至是灭绝性的，就像人类灭绝了无数其他物种一样。

　　"留心事物的限度，/万事因时而举/才会恰到好处。"④ 赫西俄德在《劳
动与时日》中用这首诗告诫人们，在向自然索要食物的农业劳动中，一定
要注意自然供给的限度。奥维德在《变形记》中描写了铁器时代人类对地
球的暴力：

　　　　富裕的地球被人类无限地索要：
　　　　他们挖掘她的要害，
　　　　试图挖出一个更仁慈的地主
　　　　隐藏在黑暗阴影里的财富。
　　　　所有那些宝贵的金属，
　　　　都是罪恶的根源。

---

① Edith Hamilton, *Mythology*, The New American Library, 1953, p. 292.
② Jace Weaver (ed.), *Defending Mother Earth: Native American Perspectives on Environmental Justice*, Orbis Books, 1996, p. 11.
③ 〔美〕雷蒙德·范·奥弗编《太阳之歌：世界各地创世神话》，毛天祜译，中国人民大学出版社，1989，第30、31页。
④ 苗力田主编《古希腊哲学》，中国人民大学出版社，1990，第4页。

他们找到了铁和黄金罪恶的使用方式，
于是战争开始涌现。①

从这两首诗歌中仍然能看到希腊神话中德律俄普斯的身影，其中所包含着的把人类对自然的索取限制在自然承载力所允许的范围之内的思想，正是当今生态思想的重要组成部分。

第二节　人与自然生命同源意识

"生命"是原始先民关注的焦点。世界从何而来，谁赋予人类和万物生命，生命的盛衰更替中隐藏着怎样的秘密？从各民族普遍具有的创生神话到哲学对终极问题的思考，均由对生命源起变迁的基本困惑引发。

一　青藏高原及其山水形成

有关青藏高原形成的传说中，最著名的是"沧海变桑田"的传说：

在很早很早以前，这里是一片无边无际的大海，海浪卷起波浪，拍打着长满各种树木的海岸。森林之上，重山叠翠，云雾缭绕，森林里长满各种奇花异草，成群的斑鹿和羚羊在奔跑，三五成群的犀牛，悠闲地在湖边饮水，杜鹃、画眉和百灵鸟，在树梢上欢快地歌唱，兔子在草地上无忧无虑地奔跑……忽然有一天，海里来了一头巨大的五头毒龙，搅起万丈波浪，摧毁花草树木。大难临头的飞禽走兽四处逃散，逃到东边，森林倾倒、草地淹没；逃到西边，狂涛恶浪、洪水横流。正当它们走投无路之际，大海的上空突然飘来了五朵彩云，变成的五部智慧空行母，施展了无边法术，降伏了五头毒龙，并喝令大海退去。于是，东边变成了茂密森林，西边变成了万顷良田，南边变成了繁茂花园，北边变成了无垠牧场。②

---

① 〔美〕卡洛琳·麦茜特：《自然之死》，吴国盛等译，吉林人民出版社，1999，第37页。
② 马学良等主编《藏族文学史》上册，四川民族出版社，1994，第18、19页。

河源所在的青藏高原由沧海演变而成的事实，已经被越来越多的科学考察与考古发现所证实。青藏高原是全球海拔最高的年轻大高原，是经历了漫长的地质历史和多次沧海桑田的变迁才形成的。4000 万年前的奥陶纪，现今青藏高原的南部还是一片汪洋大海，即古地中海，又名特提斯海洋（Tethys），其源于古希腊神话海神之妻的名字，地质学上"特提斯"的含义为"横贯欧亚大陆南缘曾经存在过的一个巨大的海洋"。特提斯海洋逐渐消亡后，两侧大陆逐渐接近而发生碰撞，形成西昆仑-阿尔金-祁连山脉带。与消减碰撞作用相伴生的是逐渐形成西昆仑南部和中祁连，以及可可西里-巴颜喀拉山脉带。青藏高原的强烈隆起在晚近地质时期可分为三个大的阶段：早期"青藏运动"、中期"昆仑-黄河运动"、晚期"共和运动"。由此可见，大陆与海洋的相互转化、碰撞联合，最终逐渐形成青藏高原这块新的陆地。①

藏语中将"长江"称作"治曲"，意即牦牛河。关于"牦牛河"的来源，藏族神话传说中有这样一则故事：有一头性格暴躁的牦牛被天神派到了青藏高原上破坏水草，高原上的草很快就被它吃得所剩无几，但是善良的人们并没有驱赶这头牦牛，反而是将剩下的零零星星的青草收集起来送给它。最终，这头牦牛被人们善意的行为感动了，它违背天神的旨意，停止了摧毁草原的行为，把自己变成一座高山，从两个鼻孔里流出清冽的泉水，滋养着这片土地上的生命万物。另一则故事则是这样记述的：据说"治曲"是由牦牛化身的山神格拉丹东的气息融化了河源地区的冰山雪水形成的，融化的雪水汇集成了江源湍急的水流。山神尕朵觉悟生怕治曲湍急的水流伤及河源脆弱的生态环境，就用金子铺路牵引着治曲缓慢前行，希望它能滋养这里的生命万物。因此，江源的一段水域被河源地区的藏族称为"曲吾色丹"，意即金河。有一天，山神尕朵觉悟把治曲牵到了玉树仲达后就把它拴在一棵柏树上歇息了，治曲立马趁着尕朵觉悟打盹儿的机会悄悄地溜走了，为了不被山神逮住，治曲流得很急，在德格的小苏举境内被尕朵觉悟抓住后，又被牵着慢慢往前走；再后来，治曲又有了一次偷偷溜走的机会，被尕朵觉悟在平原上捉住后，又被牵着缓缓前行。这也是长江"三急三缓"说法的由来。

---

① 参见潘裕生《神奇的青藏高原》，气象出版社，2004，第 45 页。

二　宇宙万物起源

关于天、地、山、川等宇宙万物的起源和形成，详细记述在藏族民间传说的斯巴创世歌谣中。"斯巴"在藏语中就是"存在"或者"宇宙"的意思。

斯巴宰牛歌

问：斯巴宰杀小牛时，
　　砍下牛头放哪里？
　　我不知道问歌手，
　　斯巴宰杀小牛时，
　　割下牛尾放哪里：
　　我不知道问歌手；
　　斯巴宰杀小牛时，
　　剥下牛皮放哪里？
　　我不知道问歌手。

答：斯巴宰杀小牛时，
　　砍下牛头放高处，
　　所以山峰高耸耸，
　　斯巴宰杀小牛时，
　　割下牛尾栽山阴，
　　所以森林浓郁郁，
　　斯巴宰杀小牛时，
　　剥下牛皮铺平处，
　　所以大地平坦坦。①

藏族英雄史诗《格萨尔王传》中也有类似的记述：有一年，格萨尔的叔叔晁同纳丹玛部落的一位姑娘为妾，为此宴请族人宾客。席间，主人引吭高歌：

① 佟锦华编《藏族文学史》，西藏人民出版社，1991，第4、5页。

那奶牛滩中吃人虎，

被英雄的利箭射死，

虎头向上昂起时，

形成格作日玛旺秀山。

虎皮铺地面，

形成底雅达塘察茂滩。

斩断虎尾巴，

形成滚滚的黄河源。

虎眼窥左右，

形成杂朱十万人马。

四肢落地面，

形成穆巴天王。

虎肝为座幔，

形成嘉洛富裕部落。

白小肠为神索，

形成冬科尔十二白部落。

黑小肠为魔索，

形成冬科尔十二黑部落，

颈项为海螺塔，

形成阿吉牧童部落。

胆为赛措秀茂，

形成十二万户丹玛部落。

内脏撒在地，

形成美丽的岭六部。

虎心取怀中，

形成强大的达绒部落。①

《格萨尔王传》中描写格萨尔建立和统治的王国是被称为"世界的中心"雪域圣地的"花花岭国"。《敦煌藏文吐蕃史文献译注》将其描绘为："在天之

---

① 青海省民间文学研究会搜集、翻译、编印《格萨尔传奇·征服大食之部》，1962，第41页。

中心，地之中央，湖之中心，雪山环绕之地，一切河流之源头，山高土净，地域美好。"① 花花岭国亦称作"玛尔康岭国"，泛指古代藏族地区，其广袤的土地上有"庄严高耸巍巍须弥山，吉祥大海宝贝难数计"，② 因"藏有稀世珍宝很富裕；库有鳄鱼口吐珍珠宝，还有檀香雕成名珠子"③ 而美不胜收。其地域分为上岭、中岭、下岭三个部分，上岭为赛巴八部落，中岭为文布六部落，下岭为木江四部落，即赛巴、文布、木江三支系，这三支系为岭国先王曲潘纳布三妃之子嗣：长妃赛氏，生子为长系，称且居或赛巴，住在上岭；次妃文氏，生子为仲系，称仲居或文布，住在中岭；三妃江氏，生子为幼系，称穹居或木江，住在下岭。除上中下岭外，还有珠部、达乌部、达让部、旦玛部、河阴部、河阳部等大小部落，这些部落共同组成花花岭国。

"玛域"（rma yul，多康）是《格萨尔王传》中岭国的中心，由玛多、玛麦、玛尼三者构成整体区域。"玛"意指玛神，是以阿尼玛卿山神为主的山神体系的统称，"玛域"大抵相当于今青海果洛藏族自治州，按藏族史籍中说法，果洛被称为"果洛克松"（即果洛三部），"从前黄河上游全部地区，都在岭·格萨尔王治理之下"，与玛曲（黄河）有着密切的关系。黄河的正源是巴颜喀拉山北麓海拔 4900 米的各姿各雅雪山流出的卡日曲，藏语意为"红色的河"④。格萨尔岭国王室的祖先，属于东氏族。根据史书记载，因这一氏族最初住在以穆布岭瓦为中心的地方，故其后裔称为穆布东氏或穆布东族。"穆布"意为"紫色"，最初指的是岭瓦地方山脉的颜色。黄河的另一个源头约古宗列曲发源于巴颜喀拉山北麓的约古宗列盆地，盆地里河汊交接，泉眼溪流遍布，草甸湖盆相映。盆地西南隅的黄河第一泉与无数涓涓细流汇聚起来，逐渐形成源头最初的河道——玛曲曲果（藏语意为小河源头）。卡日曲、玛曲与发源于查哈希拉山南麓的扎曲一同汇入约古宗列曲后进入星宿海。元朝延祐二年（1315）潘昂霄撰成《河源记》曰："河源在土蕃朵甘思西鄙，有泉百余泓，或泉或潦，水沮洳散涣，方可七八十

---

① 黄布凡、马德：《敦煌藏文吐蕃史文献译注》，甘肃教育出版社，2000，第 152 页。

② 《格萨尔王传·姜岭大战》，徐国琼、王晓松译，降边嘉措、耿予方校，中国藏学出版社，1991，第 118 页。

③ 《格萨尔王传·姜岭大战》，徐国琼、王晓松译，降边嘉措、耿予方校，中国藏学出版社，1991，第 252 页。

④ 卡日曲长约 156 千米，因流经大面积出露的第三纪红色地层，携带大量红色泥沙，被当地藏族人民称为"红色的河"。

里，且泥淖溺，不胜人迹，逼视弗克，旁履高山，下视灿若列星，以故名火敦脑儿。火敦，译言星宿也。"数以百计大小不一、形态各异的湖泊星罗棋布，碧波粼粼，登高远眺，如同夜空中闪耀的星光，熠熠生辉，因此得名"星宿"。

黄河经星宿海流入形如贝壳的扎陵湖，黄河主流线像一条乳黄色的丝带，将扎陵湖一分为二，一半湖水清澈碧绿，一半湖水微微泛白，故名"白色的长湖"。出扎陵湖后，黄河流入被称为"蓝色的长湖"的鄂陵湖。两个湖泊周围的小岛上栖息着大量斑头雁等水鸟，风和日丽时，群鸟飞舞，鸟鸣声传数里，蓝天倒映，湖滨绿草萋萋，美不胜收，远处群山起伏，雄伟壮观。黄河自鄂陵湖北端流出，转东南向流至玛多县黄河沿，在此以上的河道又被称为"玛曲"，在此以下的干流被正式称为黄河。黄河贯穿果洛藏族自治州玛多、玛沁、达日、甘德、久治五个县，形成了环绕巍峨磅礴的阿尼玛卿山（积石山脉）的第一大河曲。

三　人类诞生与起源

人类的诞生与大自然息息相关，起源于自然。本教经典记述：

> 最初从五种本原物产生出雨和雾，形成了海洋。风吹海面吹起一个气泡，气泡跳到蓝色的卵上碰碎了，从中出现了一个蓝色的女人，名叫曲坚木杰莫。另外，从一个白色的卵的中心产生了斯巴桑波奔赤，是一个长着绿色头发的白人。曲坚木杰莫与斯巴桑波奔赤没有触到对方的鼻子就结合了，生出各种野兽、畜类和鸟类。他们低下头，触了触鼻子结合后，生下了9个兄弟和9个姐妹。以后由他们分别繁衍成天神和人类。其中，作为天神和人类之祖先的九姐妹中的二姐南曼噶莫，就是《格萨尔王传》中格萨尔王的姑姑，在关键的时刻，总是给格萨尔王有益的指导，使他建立了丰功伟绩。[1]

藏文史书记载吐蕃原始四氏族和百姓世系来源时称：

---

[1] 〔美〕卡尔梅：《本教历史及教义概述》，向红笳、陈庆英译，中央民族学院藏族研究所编印《藏族研究译文集》第 1 集，1983，第 59~62 页。

在很久以前，宇宙一片混沌，上方的行星和辐射线是母亲，物质元素的风卷侧面，既是母亲又是父亲，白霜凝结在上面，霜化成露水，露水汇集成江河，江河反光为白云，尘土附着在江河上，逐渐形成大地，江河之中旋转的水泡和大地之精气相结合，遂生出有情世界，有情世界又分成众生等数种情况，有情众生之王治理着人类，并将人类分为君王世系和庶民世系两类。[①]

从上述两则故事的记述来看，虽然早期高原先民在认识人类来源的过程中，受到本教因素以及佛教因素的影响，但是以上两种说法均与人类来源于大自然，是大自然的重要组成密切关联。

藏族神话中也有"女娲娘娘造人"的故事：

古时有动物百数十种，皆不能言，亦不能如人之行，唯女娲能言能行，以其无侣，甚感孤独。一日，女娲嬉于河畔，取河边泥随意捏之，初捏为圆形，继捏为长形，后乃捏为似彼之人形。以此泥人置地，泥人乃能行走。女娲导泥人游森林，见白兔、蜜蜂，乃教之曰，此是朋友，可与共游，见虎、豹，又教之曰，此乃顽敌，不可与为伍。后此泥人随白兔入森林嬉游，遂失踪影，未曾再回。

又不知经历若干年，女娲入大山森林中，遇一小女，坐河旁，女娲问曰："汝于此何为？"小女答曰："吾听河水唱歌。"女娲因思：此女必因无可玩者始至此独坐，因造芦笙、箫等乐器馈予此小女及其俦，令其有可乐者。一日，群小人方嬉，忽有小人倒地睡去便死。女娲又思，如此以往，所造人必一一尽死，勿如随其所愿，配之为对，欲东者东，欲西者西。女娲果行之，人种由是繁衍，大地到处皆人矣。多年后，此诸人返家省亲时，有呼女娲为"祖母"者，有呼之为"阿奶"、"阿妈"者。[②]

---

① 大司徒·绛求坚赞：《朗氏家族史》，赞拉·阿旺、佘万治译，陈庆英校，西藏人民出版社，1989，第3、4页。
② 袁珂编著《中国民族神话词典》，四川省社会科学院出版社，1989，第57、58页。

第三节　自然崇拜中的敬畏意识

世界早期环保运动的领袖、国家公园之父约翰·缪尔（John Muir）曾言："大自然是一种必需品……它还是生命的源泉。"[1] 在藏族先民看来，山乃万物之本，水乃生命之源。

一　山水是大自然的珍贵馈赠

河源地区世居民族之一的藏族，其传统文化习俗中有许多关于维护生态平衡、调和人与自然关系方面的禁忌观念。在广袤的青藏高原，高山被视为连接天与天神的"天绳"（阶梯）。《汉藏史集——贤者喜乐赡部洲明鉴》记载，吐蕃第一代赞普聂赤赞普就是从神山山顶沿着神山穆梯下至人间，用天绳来到吐蕃的。聂赤赞普的七个儿子合称天赤七王，均有发光的天绳，当儿子能骑马时，父王就用这发光的天绳返回天空。[2] 青藏高原河源地区每年都有不同规模的祭山仪式，藏历新年的正月初一的清晨，各部落的人来到神山之顶或"拉则"所在山巅，吹响海螺、抛放风马、焚香煨桑，向天地祈祷、向神山草地祝愿，表达藏族人对山神和自然馈赠的感激之情。人们敬畏雪山融化的涓涓细流，从不敢用不洁之物亵渎。每逢吉祥的日子，都会向山神供奉跋涉到雪山脚下取回的清水，取水前要洁净双手，容器里的剩水绝不会倒进河流、湖泊或者水井。据说，每年藏历七月六日到十二日的沐浴节，仙女会将从神湖中取出的仙水倒入青藏高原的各条河流中，此时高原上江河泉湖的水都变成了圣水——一甘，二凉，三软，四轻，五清，六不臭，七润喉，八益腹。这种圣水不仅能够洗掉疾病，也能够涤除罪过，于是人们纷纷到附近湖河中饮水、沐浴。

祁连山山区的牧民认为，白色的岩石是"乌图"神山的骨架，绿色的草地是他的皮肤，岩羊是他身上的虱子，白雪是他的白发。"乌图"两腿盘坐、两手搭膝，稳坐在群山环抱之中，时而微笑、时而忧郁地注视着山下

---

[1] 〔美〕约翰·缪尔：《我们的国家公园》，郭名倞译，江苏人民出版社，2012，第 3 页。

[2] 达仓宗巴·班觉桑布：《汉藏史集——贤者喜乐赡部洲明鉴》，陈庆英译，西藏人民出版社，1986，第 71 页。

人们的行为。"不动土"是"乌图"神山特别重要的一条禁忌：严禁在神山上挖掘、采摘花草、便溺和倾倒污物。

二　黄河"玛曲"与长江"治曲"的传说

黄河在藏语中被称为"玛曲"，有关"玛曲"的由来主要有以下三种解释。第一种解释是，黄河与阿尼玛卿山密切关联，"曲"为河水之意，"玛曲"是流经"玛卿伯热"（阿尼玛卿山）的河水，因此得名。第二种解释是，"玛"为孔雀之意，黄河源头的扎曲、约古宗列曲和卡日曲三条支流犹如孔雀之翼，分别从北、西、南三个方向汇集在一起，因此谓之"玛曲"。第三种解释是，位于黄河源头，由扎陵湖、鄂陵湖等数量众多的海子组成的星宿海，在阳光的照耀下，如同孔雀开屏般熠熠生辉，因此，"玛曲"亦为"孔雀河"之意。

关于河源"玛曲"，流传着一个美丽的传说：

> 巴颜喀拉山下有位英俊的青年猎手，为了向自己心爱的姑娘表达忠诚之意和意外之喜，在心上人不知情的情况下，悄悄地骑上矫健的骏马，决心上险要的雪山取回一支珍贵的孔雀翎，献给姑娘。姑娘因几天来都不知青年之所踪而焦躁不安，便四处打听。有人说那个青年将姑娘抛弃，早已远走他乡。姑娘信以为真，哭喊着向巴颜喀拉山跑去，结果还没有到大雪山就心力交瘁，累死在了半道上。等到年轻的猎手取回孔雀翎时，才知心爱的姑娘已经死去，他返身寻找了三天三夜，终于找到了姑娘的尸体，悲痛欲绝中大喊三声后也倒在她的身旁死去。传说，这对情侣在彼此追赶过程中洒下的串串汗水，汇成了"玛曲"；他们落下的点点泪珠，变成了煜煜闪耀的星宿海的海子；姑娘美丽的发辫散开来，化作河源地区的交错河道。

长江在藏语中被称为"治曲"，"治"意为"牦牛"，"治曲"即为"牦牛河"。据说，在江源有一块酷似牦牛头的巨大青石，而且从牦牛青石的两个鼻孔里，还会不断地涌出两股清冽的泉水，汇成溪流，其因此得名"牦牛河"。至今，还流传着关于"治曲"的传说：

　　从前，在长江发源的地方有一块牦牛鼻孔状的岩石，于是，觉卧山神就以其法力从岩石中抽出了一条河流，他一边往河里撒着金粉，一边赶着这条河流往前走。走到结古这个地方的时候，山神感到有点疲惫，便将"冶曲"拴在块岩石上，找了一处岩洞烧茶休憩。但是，河水趁着山神休息之际继续流走了。山神大怒，拿起神鞭狠抽岩石，岩石被劈成了两半。

　　如今，这个地方仍然被称作"觉卧用膳"，仍然可见长江绕之而过的古柏树。后人在此地还修筑了觉卧的彩绘石像并插上了各种经幡。

三　高原物种起源

　　青稞是河源及青藏高原地区最主要的植物品种之一。藏族民间流传的《青稞歌》中描述了人类获得青稞种子的艰难过程和对自然馈赠的珍惜之情。长歌中唱道：在阳世形成之初，黑头百姓没有食物可吃，于是，三个智者便向天神、赞王等祈求，均未能如愿，最后龙王答应赐给粮种，当21粒黑、白、绿三色青稞送到海滩时，却被狂风刮上天空，人们求助"天龙八部"兴云作雨，"雨裹青稞降大地"，不料被虹霓卷往梵天界。梵天界的花喜鹊将青稞种子叼往大地，途中被鹫鹰掠去。人们又织网捉住鹫鹰，后种子又被青蛙吞入腹中，人们又想方设法捉住青蛙，从青蛙腹中取出青稞种子。有了种子，人们请青龙、野牛耕种，均未能成功，最后在黄牛的帮助下，将种子种到地里，长出绿油油的禾苗，秋后收割黄灿灿的青稞。[①]
　　另一则与之类似的传说故事同样情节曲折，生动感人：

　　　　古代，有一位名叫阿初的王子。他聪明、勇敢、善良。为了让人们吃上粮食，他决心到蛇王那里去取青稞种子。他带着20个武士，翻越99座大山，渡过99条河流，身边的武士有的被毒蛇咬死了，有的被猛兽吃掉了，有的被野人杀害了。最后，就剩下阿初王子孤单单的一个人了。但是，他毫不退缩，继续前进。在山神的指点下，终于从蛇王那里盗来了青稞种子。可是，不幸被蛇王发现了。蛇王既吝啬又狠

[①]　佟锦华：《藏族民间文学》，西藏人民出版社，1991，第147页。

毒，用魔法把阿初变成了一只狗。只有当这只狗得到一个姑娘的爱情时，才能恢复人形。后来，这只狗果然得到一个土司的三姑娘的爱情，又恢复了人身。由于他们辛勤耕耘和播种，大地上长满了青稞。人们从此吃上了黄灿灿的青稞磨出来的香喷喷的糌粑。①

《丹玛青稞宗》讲述的是"青稞"与各种农作物之间的"关系"，故事中格萨尔王为了给丹玛报仇雪恨，恢复祖业，派兵进攻并占领了青稞城。在庆祝获胜的宴会上，打开青稞宝藏，将宝藏中的粮食分发给部落及属国。当时一名叫玉顽多杰昂谦的人唱了一首长歌以示庆祝，歌中唱道：

> 珠玛是青稞的上师，
> 生长在山川之间的平地。
> 玛拉是青稞的寺院，
> 生长在田埂地边。
> 桑赤是青稞的国王，
> 生长在沟口和川上。
> 吉哇是青稞的大臣，
> 生长在山川交界之坪。
> 刚周是青稞的库房，
> 它在平滩里生长。
> 木孕是青稞的小伙子，
> 生长在平滩与山沟里。
> 安毛是青稞的大姑娘，
> 生长在川地上。
> 扎让是青稞的军官，
> 生长在山沟口间。
> 卡苏是青稞的英雄，
> 生长在平地之中。

① 马学良、恰白·次旦平措、佟锦华：《藏族文学史》（上），四川民族出版社，1988，第23~24页。

　　珠纳是青稞的屠夫，

　　生长在平滩之上。

　　小麦是青稞的儿子，

　　生长在山川之间的平地里。

　　卡拉是青稞的男仆，

　　生长在山沟北部。

　　大麦是青稞的女佣，

　　生长在川地之中。

　　荞麦是青稞的咒师，

　　生长在川地里。

　　豆子是青稞的兵士，

　　生长在广大的川地。

　　燕麦是青稞的武器，

　　可生长在任何之地。①

　　从长歌中可以看出，青稞在诸农作物中显得十分重要，其他农作物辅佐着青稞，并因其职能的不同，生长在不同的地方。这首长歌是人们经验和智慧的结晶。

　　河源地区的传说故事中还有许多关于植物的描述。《格萨尔王传》的《岭与中原之部》中讲述，应汉地公主七姐妹的邀请，格萨尔大王要前往汉地作法，唯独缺少一种名叫竹子三节爪的植物，而这种植物生长在梅雅部落境内的一座险峻的大山上。为了获得这种植物，岭国派珠牡、梅萨等七名女子前去采集，结果七人被梅雅部落捉获，遭受种种残酷折磨。《取树种》中讲述，是一名叫卓玛的姑娘在白发老人的指点下，骑着骏马，历经千辛万苦，才从其他地方取回树种，使得家乡的秃山长满了郁郁葱葱的树木。河源地区虽然地势高寒，空气稀薄，土地贫瘠，但是，世世代代居住在这里的人们仍然热爱着家乡的山山水水、一草一木，通过这些故事，表达对河源地区大自然的珍惜之情。

---

　　①　四川省格萨尔工作领导小组办公室编《丹玛青稞宗》，民族出版社，2014，第 59 页。

第四章

青藏高原生态伦理思想："山川神主"

从人类社会诞生之时起，人类社会与自然环境之间就发生着密切的联系和日益深广的互动关系。从地理学意义上讲，人类社会的发展史实际是一部人地关系史。在人地关系系统中，主要存在四个平衡：一是人的自然平衡，满足人类的基本生理需求；二是人的社会平衡，满足人的社会需求，维持社会系统的正常运转；三是自然环境系统本身的平衡，在自然环境可能的承受范围内利用环境；四是自然环境、人为环境、人三者之间资源、生产与消费的平衡。

第一节　生态平衡，持续发展

一　生命之网

1786 年，林奈（Linnaean）学派的科学家布鲁克纳提出了"生命网"（web of life）的观点，认为"自然是一张具有奇特结构的网，由柔软的、易破的、脆弱的、精致的材料制成，按照它的结构和目标把一切都连接成令人赞叹的整体"。[1] 近百年后，达尔文也采纳了生命网的观点。在其著名的《物种的起源》里达尔文经常谈到"生命网"，指出自然是"复杂的关系网"，没有任何一个有机体或物种能够独立生存于网外，没有一个物种能够在自然的经济体系里永远占据一个特别的位置，即使是最微不足道的生物，对于与其有关的物种的利益来说也是重要的。[2] 1927 年查尔斯·爱顿（C. Elto）揭示了生物对营养物的依赖性，从而构成了相互依存的生物环链。这种环链依赖性首先开始于对太阳的依赖，进而通过植物传递给草食动物，然后传递给肉食动物，最后再到人。爱顿使用了金字塔这一比喻：拥有最短食物链的最简单的有机体数量最为庞大，作为金字塔结构的基础，也最为重要。消除食物金字塔顶层的存在物（如鹰或人），生态系统一般不会被打乱。但是，去掉了食物金字塔的基层（如植物或土壤菌），那么食物金字塔就要崩溃。我们完全可以想象，离开了大地、空气和水，寄生其上的非人之生命将荡然无存，人类也将随之消亡。

河源地区的山山水水都与神圣有着千丝万缕的关系。《安多政教史》记述，"札日神山上，自生胜乐本尊，珍贵的多曲河，导源于此；岗底斯雪山上住着五百罗汉，甘露般的神水，就在此山上；玛旁湖中有鲁王，具足功德之水，都在此处；念青唐古拉山中有五百罗汉……山高地洁由年神围绕"。[3] 在藏族人眼中，雪山犹如水晶般的宝塔，湖泊酷似碧玉般的曼陀罗等，周围的山川都是千姿百态的本尊、罗汉、神祇的居住地。因此，他们

---

[1] Donald Worster, *Nature's Economy: A History of Ecological Ideas*, Second Edition, Cambridge University Press, 1994, pp. 48-49.

[2] Charles Darwin, *On the Origin of Species*, A Facsimile of the First Edition, Harvard University Press, 1964, pp. 3-4, 73.

[3] 智观巴·贡却乎丹巴绕吉：《安多政教史》，吴均等译，甘肃民族出版社，1989，第 12 页。

对自己所处的自然环境极其珍爱，时常怀着十分敬仰的心情去崇拜和保护大自然。

二 生命共同体意识

1962 年 6 月 16 日，美国海洋生物学家蕾切尔·卡逊（Rachel Cason）在《纽约人》杂志上连载小说《寂静的春天》（*The Silent Spring*），引发欧美政府对生态危机的高度重视。书名"寂静的春天"得名于书中"鸟儿寂静无声令人心碎"的情节，卡逊用寓言的形式讲述了美国中部一个美丽如画、安静祥和的小城镇如何变成一个怪病流行、生命凋零、死气沉沉的地方的故事。《寂静的春天》最主要的影响力在于，使得欧美发达国家各种环保法律、条令纷纷出台，各种生态研究机构纷纷建立，促使联合国于 1972 年 6 月 12 日在斯德哥尔摩召开"人类环境大会"，并由各国签署了《人类环境宣言》，开始了世界范围的环境保护事业。"绿色运动""生态伦理学""生物中心主义""生态女权主义""深层生态学"等运动和理论得以展开、发展。

也正是在上述浪潮中，中国哲学中可资借鉴的资源引起了西方研究者的强烈兴趣。美国著名汉学家费正清先生曾指出：

> 西方和东方对于人与自然有不同关系这一点，是两种文明的差异之一。人，在西方世界中居于中心地位，自然界其他东西所起的作用是作为色彩不鲜明的背景材料，或是他们的敌手。因此西方的宗教认为是神人同形同性的，早期西方绘画是以人物为中心的。要明白两者之间的这种鸿沟有多大，我们只要把基督教同相对而言不具有人物性格的佛教比较一下，或者把一幅宋代山水画同一幅意大利古画比较一下就行了。在宋代山水画里，小小的人物与巉崖相比显得非常矮小，而在意大利古画里，自然景物只是后来添上去的背景。[①]

中国传统文化强调人与自然有天然的亲和关系，河源文化亦然。万物一体、天人合一的生命意识，使人安顿于自然，是一种"诗意地栖居"。

---

① 〔美〕费正清：《美国与中国》，张理京译，商务印书馆，1987，第 352 页。

《国语》是先秦时期一部以记言为主的国别体史书，在中国史学史上有着重要的价值，记录了春秋时期政治、经济、外交、军事、文化等诸方面内容，保存了不少先秦时期的历史传说、政治制度和宗教祭祀方面的材料。在一定程度上，《国语》可看作一部先秦历史特别是春秋史的百科全书。其中《周语下》记载：

> 灵王二十二年，谷、洛斗，将毁王宫。王欲壅之，太子晋谏曰："不可。晋闻古之长民者，不堕山，不崇薮，不防川，不窦泽。夫山，土之聚也；薮，物之归也；川，气之导也；泽，水之钟也。夫天地成而聚于高，归物于下，疏为川谷，以导其气；陂塘污庳，以钟其美。是故聚不阤崩，而物有所归；气不沉滞，而亦不散越。是以民生有财用，而死有所葬。然则无夭、昏、札、瘥之忧，而无饥、寒、乏、匮之患，故上下能相固，以待不虞，古之圣王唯此之慎。昔共工弃此道也，虞于湛乐，淫失其身，欲壅防百川，堕高埋庳，以害天下。皇天弗福，庶民弗助，祸乱并兴，共工用灭。其在有虞，有崇伯鲧，播其淫心。称遂共工之过，尧用殛之于羽山。其后伯禹念前之非度，厘改制量，象物天地，比类百则，仪之于民，而度之于群生，共之从孙四岳佐之，高高下下，疏川导滞，钟水丰物，封崇九山，决汨九川，陂鄣九泽，丰殖九薮，汨越九原，宅居九隩，合通四海。故天无伏阴，地无散阳，水无沉气，火无灾燀，神无间行，民无淫心，时无逆数，物无害生。帅象禹之功，度之于轨仪，莫非嘉绩，克厌帝心。皇天嘉之，祚以天下，赐姓曰'姒'，氏曰'有夏'，谓其能以嘉祉殷富生物也。祚四岳国，命以侯伯，赐姓曰'姜'，氏曰'有吕'，谓其能为禹股肱心膂，以养物丰民人也。"①

太子晋劝谏周灵王不可筑坝拦阻谷水，他认为古代做君主的人，不堕毁山陵，不填高大薮，不拦阻河流，不引流湖泊。山，是土聚积而成；薮，是众物生长之处；河流，是地气通达的渠道；湖泊，是水的积蓄。天地生成之后，土石聚于高山，万物归于薮泽。河流山谷起到疏通的作用，以此通

---

① 《国语》，陈桐生译注，中华书局，2013，第111、112页。

达地气；池塘低洼，用来滋养万物……尧时与驩兜、三苗、鲧并称"四凶"的诸侯共工却对这个道理弃之不顾，沉溺于娱乐，其身骄奢淫逸，他想要堵塞大小河流，堕毁山陵，填塞池泽，结果坑害天下。上天不赐福给他，庶民也不帮助他，祸乱频仍，共工因此灭亡。《太子晋谏灵王壅谷水》包含了东周时代对山水林田湖泽与人为生命共同体的朴素认知与理性思考。

在世界文明中，山宗水源总是被赋予神圣的地位。古希腊神话中的奥林匹斯山、印度神话中的恒河水、我国古代神话中的昆仑山、北欧神话中的密米尔泉，都是著名的神山圣水，都是众神所居之处。在青藏高原的河源地区，每一座高山、每一处河泽湖泊，都被奉为神山圣水而加以崇拜，并有其源远流长的历史，早在吐蕃时期就有定位定级的诸多神山与圣湖。如四大神山分别是雅拉香波、古拉噶日、诺金刚桑和念青唐古拉，它们依次是东、南、西、北四个方位的守护神，其中雅拉香波号称"父山"，地位最高；与之对应的四大圣湖分别是旁玛雍措、纳木措、羊卓雍措和赤雪洁莫（青海湖）。同时，神山圣湖被作为禁忌之地而加以保护，对神山圣水的保护使每一片区域形成了封闭的原生态保留地，保留地集中了河源地区多种植物和动物，成为不受人类干扰的自然生态系统。自然生态系统保留着生物的多样性和与生命物质循环的平衡性，是真正意义上的"生命之山"与"生命之水"。对维持生态环境和生态系统稳定具有重要意义。

第二节　山为万物之本

山作为人类生存的自然环境的组成部分，与人的关系十分密切。"夫山者，万民之所瞻仰也。草木生焉，万物植焉，飞鸟集焉，走兽休焉，四方益取与焉……"[①] 人类出于生存的需要，很早就对山产生了崇拜之情。正如费尔巴哈所说："对于自然的依赖感，再加上那种把自然看成一种任意作为的有人格的实体的想法，就是献祭这一自然宗教的基本行为的基

---

① （汉）韩婴：《韩诗外传》卷 3，孙友新译注，团结出版社，2020。

础。"①围绕着河源地域范围内的昆仑山脉的主峰巴颜喀拉山、支脉唐古拉山(南)、阿尼玛卿山(中)、祁连山(北)形成山神文化。

一 中国古代封禅制度

《山海经》之《山经》是自原始社会至春秋战国时期关于祭祀山神的系统记录。其中共写了数百座山,并将山划分为26个山区,其中南方3个山区有41山,西方4个山区有78山,北方3个山区有88山,东方4个山区有46山,中央12个山区有198山,共有451山。在描述了每座山和每个山区的名称、方向、动植物特征之后都写到祭山的情况,如山神的性状,祭山神之礼以及所用祭品等。由此可见,山一经人格化,成为人崇拜的对象后,很快大大小小的山便都有了山神。自此以后,在人们的观念中山与神有了不解之缘:谈山离不开山神,谈山神离不开山,山神成了山的象征和代表。随即出现"望山川,遍群神"(《尚书·舜典》)的情形。

与此同时,这个问题也涉及中国古代的封禅制度。《山经》的最后,以"禹曰"的口吻对全书做了总结:

> 天下名山,经五千三百七十山,六万四千五十六里,居地也。言其五臧,盖其余小山甚众,不足记云……封于太山,禅于梁父,七十二家,得失之数,皆在此内,是谓国用。

所谓封禅"是谓国用"即为国所用。这里的"国"主要是指天子之国。封禅是天子祭天下名山,为国所用。封禅是中国古代祭祀天地的大典,是中国古代文化的重要组成部分,在中国有很长的历史。

据管仲说:

> 古者封泰山禅梁父者七十二家,而夷吾所记者十有二焉。昔无怀氏封泰山,禅云云;虑羲封泰山,禅云云;神农封泰山,禅云云;炎帝封泰山,禅云云;黄帝封泰山,禅亭亭;颛顼封泰山,禅云云;帝俈封泰山,禅云云;尧封泰山,禅云云;舜封泰山,禅云云;禹封泰

---

① 《费尔巴哈哲学著作选集》下卷,震华、李金山译,商务印书馆,1984,第460页。

山，禅会稽；汤封泰山，神云云；周成王封泰山，禅社首：皆受命然后得封禅。①

古人认为天地是万物之母，神性最高。封禅已经成为受命得天下的象征，所以历代统治者都十分重视它。同时，古代礼的实质就是别贵贱，分尊卑，祀之礼也是如此，区分权力地位的等级界限十分严格，绝不允僭越，"天子祭天下名山大川，五岳视三公，四渎视诸侯，诸侯祭其疆内名山大川。四渎者，江、河、淮、济也"。②

五岳中除泰山为天子直接祭祀之外，还有其他四岳，另外有东部的蔡丘、云云山、亭亭山、首山、芝罘山、莱山、驹峰山、成山、琅珊山、肃然山，还有华西七山，即华山、襄山、岳山、岐山、吴岳、鸿冢、渎山，以及陇西的崆峒山，南方的天柱山、会稽山、湘山和中原地带的桥山、天柱山、熊耳山、荆山等。这些山或由天子派人去祭，或由当地诸侯去祭。这些山只是《山经》所列数百座山的一部分，"至如他名山川诸鬼及八神之属，上过则祠，去则已。郡县远方神祠者，民各自奉祠，不领于天子之祝官"。③祭山活动形成了全国性的"分工"，即"山各有所主，人各有所祭"，天子祭天下名山，诸侯祭其国名山，士民百姓祭其他诸山。

二 以黄琮礼昆仑

《周礼·春官·大宗伯》中有"以黄琮礼地"，④汉郑玄注"礼地以夏至，谓神在昆仑也"，贾逵疏"云'礼地以夏至，谓神在昆仑也'者，昆仑与天相对，苍璧礼昊天，明黄琮礼昆仑大地可知"。《太平御览》卷36引《河图》载："昆仑山为柱气，上通天；昆仑者，地之中也。昆仑，天柱也。"⑤《淮南子·地形训》云："昆仑之丘，或上倍之，是谓凉风之山，登之而不死；或上倍之，是谓悬圃，登之乃灵，能使风雨；或上倍之，乃维

---

① （汉）司马迁：《史记》，中华书局，2011，第798页。
② （汉）司马迁：《史记》，中华书局，2011，第986页。
③ （汉）司马迁：《史记》，中华书局，2011，第1098页。
④ 《周礼》（上），徐正英、常佩雨译注，中华书局，2014，第411页。
⑤ （宋）李昉等：《太平御览》（全4册），中华书局，1995，第89页。

上天，登之乃神，是为太帝之居。"① "玉琮"是中国古代祭祀用的玉制礼器，其形状内圆外方，中间的圆形柱状象征通天的"地轴"和"天柱"，外方象征着四方大地。《周礼》说以黄琮祭地，这里的"地"就指地之中心、"帝之下都"的通天昆仑。《穆天子传》载："升于昆仑之丘，以观黄帝之宫。""黄帝"之"黄"代表中央、中心。中国古代将四方分别用白—西、青—东、黑—北、红—南四色象征，而中央是黄色。因此，"黄帝"即"中央之帝"。② 在古汉语中，"黄"亦与"皇"通假，含有"大""始""创造"之意。早期甲骨文中的这个字的主体为"大"字，像正面站立的人形，更能直接表现"黄帝"作为昆仑山的神祇之义，以及可与天地沟通的象征含义。

"萨满巫师可以通过宇宙山或上天，或入地。无论哪个民族和部落均可在居住区附近命名一座山为宇宙山；如果居住区为平原，则可筑高台，建木杆，垒石堆，造庙堂等用作宇宙山，或指定某棵大树为宇宙山（亦可称宇宙树），以作沟通天地之用。"③ "昆仑山脉"在藏语中叫作"阿钦岗加"，其字面意是"大阿字形的雪背山"。藏文"阿"字形状像汉字"丁"后边加上字母"V"组成。据说昆仑山脉自西藏可可西里山往北至新疆阿尔金山形成的就是"丁"字头上的一横；昆仑山脉自西至东从青海海西州延伸至果洛州乃至四川境内，形成了"丁"字下面的竖弯钩部分，其弯钩处就是现今的阿尼玛卿雪山，是昆仑山真正的"龙头"。"V"字形的左半边是祁连山山脉，右半边则是天山山脉。这些山脉合起来就组成了藏语中的"大阿字形山"，即完整的昆仑山（阿钦岗加）。

《格萨尔王传》史诗中董族活动范围内最重要的"标志性地域"就是昆仑山、祁连山与黄河。《旧唐书》《新唐书》提到，昆仑山在藏语中也叫"闷摩黎山"，其藏语意为"紫山"，史诗中称董族为紫色董族，看来与它所处的昆仑山关系密切。同时，史诗的许多部本与现实中的昆仑山也有着密切关系（见表4-1）。

① （汉）刘安著，陈广忠译注《淮南子译注》，上海古籍出版社，2017，第150页。
② 萧兵：《中庸的文化省察——一个字的思想史》，湖北人民出版社，1997，第213~223页。
③ M. Eliade, *Shamanism*, Princeton University Press, 1974, pp. 259-287.

表4-1　史诗部本及与昆仑山相关的故事情节

部本	故事情节	
《北方降魔》	征服叶尔羌魔国（今喀什等地区）	
《突厥兵器宗》	征服西方和北方突厥王国获取其优良的兵器	
《粟特马宗》	征服西方粟特国获取骏马	或多或少牵涉到昆仑山
《歇日珊瑚宗》	征服北方流沙国获取珊瑚珍宝	
《迦湿弥罗玉宗》	征服西方迦湿弥罗国获取松耳石宝	

资料来源：笔者根据资料整理而得。

史诗《霍岭大战》中出现昆仑山，就与上面提到的"阿钦"两字有关。岭国英雄桑达阿冬唱词中讲（诗行7~10行）："阿钦的十二翼军队，令其找不到休憩处。此地情况若不知晓，在红色的阿钦空旷滩，是本巴查宗城堡的门口。"显然，"阿钦"专指霍尔或其所居住的地方。在这部史诗中，将岭国的敌对方之处所称作"阿钦滩"，敌方国家称为"阿钦霍尔"的比比皆是，而且从这部史诗主要讲述的内容来看，霍尔和岭国之间的战争就发生在阿钦滩附近。

"安多"古译"多麦"，藏语意为"下部人或下边人"，据清代藏文典籍《安多政教史》记述，所谓"安多"，取两座山名而得，这两座山就是昆仑山山脉（阿钦岗加或阿尼玛卿山脉）与祁连山山脉（多拉让莫）。[①]

三　神山祭祀体系

所谓"神山"是河源文化的重要载体，亦是反映河源地区宗教文化、人文历史、生态伦理观的标志。在河源地区，几乎每个地域社会都有基于不同社会组织单位的神山，以不同的密度广泛分布在河源及其周边地区。而这些神山又以类似人类社会中的血缘和组织关系形成一个严密的体系。换言之，可以将河源地区看作一个由大小不一、等级不同的神山形成的"地理网络"，与之相对应的是一个以等级层次清晰、秩序井然的山神体系为信仰和祭祀对象的"文化网络"。信仰与祭祀活动中蕴藏着的则是人们千百年来与这里的自然和谐共生的特殊方式。

---

① 智观巴·贡却乎丹巴绕吉：《安多政教史》，吴均等译，甘肃民族出版社，1989，第2页。

本教认为，有九座神山在宇宙形成之初就诞生了，并成为守护这片土地的主神，因此，被称为"斯巴①诞生时的九座神山"，根据本教文献的记载，"斯巴九大山神"的诞生及它们之间的相互关系有这样的神话传说：

> 在宇宙未形成之前，苍穹中突然产生了一簇光亮，光亮中生出了一枚卵，卵中诞生了一个极其可怕的长着獠牙的虎体人。此时的海洋中，也生出了一枚卵，此卵中生出了一个鹰身龙女。有一天，虎体人和鹰身龙女在一个名叫"乡康纳杰"的地方，吃了一头鹿的尸体，虎体人从鹿尸上身往下吃，鹰身龙女从鹿尸下身往上吃，当吃到一起的时候，虎体人的唾液流进了鹰身龙女的嘴中，鹰身龙女怀孕，于是两者一起去寻找产卵之地。当走到汉地"夏嘎波玉吴建"时产出了九枚白卵和九枚铁卵。从九枚白卵中生出了神王南拉噶啵、沃德贡杰、古拉桑哇、道格盖德等九个兄弟，被称为"山神九兄弟"。从九枚铁卵中生出"贡吴②九兄弟"。

本教文献中的另一则神话则记载了斯巴九位山神的血缘及隶属关系：

> 在白云翻滚的天空中，诞生了天神"唐格杰哇"，在他的神力下诞生了"南吉谭古"和"萨益谭古"，两者结合生下儿子"达加艾奥"和女儿"赛哇"，儿女结合又生下了"莱钦杰""沃德贡杰"等四兄弟神。四兄弟神在草滩上以掷骰子获得了各界域的统治权。有的飞入天界，有的赴汉地，"沃德贡杰"则在不同的地域与不同的女神结合生下了"雅拉香波"等"唐拉八子"。

关于"沃德贡杰"的名字及其山神的身份，始见于敦煌古藏文文献、早期史书和佛本教宗教文献。根据本教文献解释，"斯巴九座神山之父"沃德贡杰不仅与藏族第一代赞普之间有血缘上的联系，而且他的儿子们成为山神谱系信仰的根源。沃德贡杰及其八子作为藏民族共同的山神，成为河源地

---

① "斯巴"意为"宇宙"或者"世界"。
② "贡吴"为藏语的汉语音译词，意为"邪魔"。

区神山体系的核心，对它们的祭祀成为当地文化的重要组成部分。并由此在青藏高原及其周边地区派生了"十二丹玛""长寿五姊妹""四大念青""二十一个格年山神"等名目繁多、分类各异的山神群。

四　祭祀阿尼玛卿

斯巴九座神山分布于藏族传统地理概念上的卫藏、安多、康巴三大区域。阿尼玛卿系"斯巴九座神山"中坐落于安多地区的神山，是昆仑山山脉的最东段，又称积石山，横亘于黄河的西北，是黄河源头最大的山。阿尼玛卿山巍峨磅礴，主峰玛卿岗日，海拔6282米，绵延400千米，正处于黄河一个大拐弯中间，是上文提到的昆仑山真正的"龙头"。

从现在传承于安多地区的《格萨尔》史诗来看，史诗主人公格萨尔的故乡指向了阿尼玛卿雪山的所在地"玛域"（rma yul），其大抵相当于今青海果洛藏族自治州，按藏族史籍中的说法，果洛被称为"果洛克松"（即果洛三部）。史诗中的玛域是世界的中心，也分为上中下三部，除了中间是岭国的核心所在地以外，上方（西方）延伸到了冈底斯山和印度，下方（东方）连接着中原汉地。玛域的阿尼玛卿雪山就是格萨尔王的寄魂山，甚至有传说认为阿尼玛卿或玛沁邦惹山神是格萨尔王的父亲等，是董氏族的根本保护神。

> 阿尼玛卿大山神原是吐蕃王国最早的九天座王之一，布代贡嘉八个儿子之一，是藏族历代先祖祭祀之九大山神之一。他住在青藏高原东北部，主司这里人们的生死福祸，统辖高原东北的所有山神和妖魔鬼怪，保护着人们的安全。他是这里最早最大的山神，所以被尊称为"玛嘉"，即玛氏王，也是藏人的祖神、战神和保护神。据传，阿尼玛卿山神头戴红缨帽，身披银甲，乘玉龙白马，右手持矛，左手掌旗，腰悬宝剑，佩弓挂箭，日夜巡视虚空和人间，行云布雨，施放雷电，或降吉祥，或降灾祸，奖惩人神，监视敌人。夜间会集神鬼，差遣任务。阿尼玛卿大山神有三百六十位眷属，其中有九位后妃和九子九女，另有一千五百位神将和侍从，分别居住在上、中、下三重由金、玉、宝石建成的宫殿中，虎狼豺熊为其看家，野牛、岩羊、鹿麝为其家畜。此外，阿尼玛卿山神之四面八方均有不同之神所镇守的堡寨，连营数

十里，旌旗蔽天，刀剑如林。①

阿尼玛卿神话起源相当古老，本教兴起之日，亦即阿尼玛卿神话传说起源之时。本教徒把阿尼玛卿山神也当作自己的神灵，认为他是本教的保护神，是雍仲本教教义的维护神，并把它描绘成挥舞长矛，骑一头绿松石鬃毛的狮子或马的白衣人。②

在不同的文献中阿尼玛卿山神的名称也不尽相同，主要有"玛卿伯热""阿尼玛卿"两种称呼。其中"阿尼"是安多地区对于年老父辈的统称，尤其是对于祖父的称呼，阿尼玛卿山神被亲切地称为阿尼玛卿，充分体现出安多地区祖先崇拜的习俗。阿尼玛卿雪山不仅是安多藏族的祖先山，而且兼具长寿和财富之神的职能。自 8 世纪至今，藏文中关于"阿钦岗加"（昆仑山、阿尼玛卿）的各种颂词均将其称颂为北方或东方的财主之神。在毗卢遮那的《玛卿邦惹圣地志》中称，敬奉"玛卿邦惹"（即阿尼玛卿），将获得长寿和聚财。③ 果洛《格萨尔》艺人格日尖参撰写的史诗《敦氏预言授记》中，也称"阿钦岗加"是伏藏财宝之主。④ 学术界认为阿尼玛卿雪山之所以兼具财宝之神的职能，其主要原因在于：一是阿尼玛卿山神的庞大的神仙眷属中，阿尼玛卿山神的母亲是长寿五仙女之一。⑤ 二是阿尼玛卿的眷属中有从印度而来的阿字飞来峰。⑥ 三是汉藏文化交流融合的体现，即与昆仑神话中的西王母掌握着"不死之药"有关。

五　神圣祁连山脉

昆仑山北支之祁连山脉，素有"万宝山"之称。祁连山南麓曾是蒙古人的聚居地，藏族汪什代海千户部落于清朝咸丰八年（1858）迁到此地，成为"环海八族"之一。这里处处是吉祥山水："豆格尔"山如同白伞盖在法轮上；"苏里"是神鹰的翅膀形成的神山，俯视着草原；巍峨高峻的扎嘎

①　姚宝瑄主编《中国各民族神话·门巴族 珞巴族 怒族 藏族》，书海出版社，2014，第 96 页。
②　姚宝瑄主编《中国各民族神话·门巴族 珞巴族 怒族 藏族》，书海出版社，2014，第 123 页。
③　转引自才贝《阿尼玛卿山神研究》，民族出版社，2012，第 159 页。
④　格日尖参口述，曲江才让整理《敦氏预言授记》，青海民族出版社，1991，第 40 页。
⑤　扎西东周：《雪域山神阿尼玛卿》，民族出版社，2012，第 80 页。
⑥　才贝：《阿尼玛卿山神研究》，民族出版社，2012，第 137 页。

天峻山，则是周围所有藏族崇拜的神山。

祁连山东部山区，湟水以北的地域，包括今青海省的乐都、互助、大通、门源和甘肃省的天祝、永登等地，史称"华锐"，意即"英雄之地"，历史上是华锐部落的驻牧地，主要分布在大通河、湟水河和庄浪河三条河流域。其中大通河流域的祁连山峰被称为"十三山神"，拉布桑神山是主要的山峰。每到吉祥日子（农历六月十五），民众都会来到神山之顶，在拉布桑山神的拉布则宫前，有序地进行各项祭祀活动。牛羊放生是其中一项重要的内容，被放生的牛羊因此具有了神圣性，不可侵犯。神山上的草木鸟虫也神圣不可侵犯。华锐部落西，有一处名为"郭隆"的地方，其地如八瓣莲，天如八辐轮，周围三叠峰峦，遍地草木莲花，充满了神圣性。

祁连山南、湟水以南是宗喀莲花山。"宗喀"之名，约始于唐吐蕃时代，指的是宗拉让莫（拉脊雪山）和宗喀杰日（小积石山）。"湟水"，在藏语中叫"宗曲"，史称"宗河"或"宗水"，宗曲沿岸地带总称为"宗喀"。据粗略统计，从东汉到宋元明清以来，宗喀地区较大规模的寺院有60多座，小寺院有130多座。其中最著名的有瞿昙寺和塔尔寺。藏史以"天似八辐轮，地如八瓣莲"形容宗喀莲花山之圣景。莲花山八座山峰形状像展开的八瓣莲花，将塔尔寺环抱其中。莲花山周围有八条山川峡谷，恰似围绕在周围的八辐轮。藏族常以宝伞、双鱼、金瓶、妙莲、宝幢、法轮、吉祥结、右旋海螺八种吉祥物来形象地表示这八谷的山峰形状。古代神话中，东青龙、西白虎、南朱雀、北玄武合称为镇守四方的"四神兽"。莲花山四周峰峦叠嶂，形如千瓣莲花。静房岩的曲甘河由西向东蜿蜒如龙，是为东方青龙；当彩山形如一只姿势雄猛的蹲虎，是为西方白虎；西弥塘红崖高高隆起，犹如一只火红的大鸟，是为南方朱雀；巴喀泉之北的龙本土色青黑，是为北方玄武。

第三节　水为生命之源

一　青海湖的历史

在约13万年前，青海湖是一个与黄河相通的外流湖。由于新构造运动的演变，青海湖与相邻地区分为两个不同的流域而成为一个独立的自然地理单元。流域内丰富的古代文化遗存证明，青海湖地区历史悠久，夏代末（前 17 世纪），这里即有以游牧为生的人类繁衍生息，后为羌人久居之地。东晋时期（4 世纪），鲜卑"乙弗勿敌国"（又称"乙弗鲜卑"）驻牧于环湖地区，唐高宗咸亨元年（670），吐蕃占领了环湖地区，其后在宋代由唃厮啰占据，元代起，随着蒙古族的驻牧，环湖地区是蒙古族、藏族交汇共荣之地。其中藏族人数众多，素有"环海八族"之称。

历史上，青海湖南北两岸交通线路发挥着连接东西交通的重要作用。早在先秦时期，青海湖周围就初步形成了一些较为固定的交通线路，以后逐步发展成一条贯通青海、连接中西的交通要道，即古青海路，因其通过羌人聚居地区，亦称羌中道。由东西两段组成，西段经青海湖又分南北两路，北路由临羌（今湟源县南古城）沿巴燕峡至龙夷城（今海晏县三角城），再绕青海湖北岸西去，沿布哈河入柴达木盆地，越阿尔金山口到鄯善；南路，由临羌走湟源，过赤岭（今日月山），沿青海湖南岸，经今都兰、格尔木西去，再经尕斯口到达鄯善。

秦代，开通羌胡道，南入青海湖，北入河西四郡，其中与青海湖连接的道路就有两条：一条是鲜水（青海湖）酒泉道，自青海湖西北，溯布哈河出祁连山达酒泉，此路后来成为东汉对羌人用兵之路；另一条是柴达木敦煌道，由青海湖西出柴达木，北越当金山口到敦煌，接丝绸之路。汉代疆域西展，政权建设达青海湖地区。汉宣帝神爵元年（前 61），修通了河湟至青海湖的道路，使与河西走廊的"丝绸之路"只隔一道祁连山的青海路得以畅通，并使羌中河湟道与羌中婼羌道得以连通。张骞通西域，从大月氏归来走的就是婼羌道。汉平帝元始四年（4 年），在青海湖设郡县，建驿站和其他交通设施，加强了对通向西域交通的控制。

魏晋南北朝时期，丝绸之路河西走廊段被战争阻塞，青海"丝绸辅道"开通。往返东西方，需从西宁经青海湖，过柴达木盆地去高昌，使沟通中西的道路持续畅通。此外，南通巴蜀的羌氐道形成。羌氐西道，以青海湖为中心，南渡黄河，经大小榆谷（今贵德、贵南和尖扎一带）、西倾山东北麓的洮河源头，进岷江流域，再沿江而下，达蜀郡（四川成都）。此路也称岷山路或岷江道，古代的羌氐就是循此路进入云贵高原。特别是吐谷浑时期，开辟了丝绸之路南道，吐谷浑以青海湖西的伏俟城为中心，控制通西域的交通。

吐蕃兴起后，开拓从唐朝都城长安通向吐蕃都城逻些（今拉萨）的官道，即著名的唐蕃古道。青海到拉萨路段称鄯城（今西宁市）逻些道，经青海湖东部的赤岭、尉迟川（倒淌河），穿流域南部的分水岭进入莫离驿（今共和县东坝），唐文成公主就是沿此路进藏和亲的。宋代，唃厮啰在河湟建立政权，青海道再次成为沟通东西交通的主线，从鄯城起沿青海湖到高昌的线路发挥了连接中原的作用。

元明清时期，甘州青海湖路通，此路是从西宁到张掖道上的查汗俄博入青海湖北部的道路，公元16世纪，东蒙古多由此路出入青海湖。柴达木南路，由当金山口起，经德令哈至丹噶尔的道路，也是经布哈河，绕青海湖北岸行走的；另一条是从青海湖南岸进入柴达木的路，公元17世纪，厄鲁特蒙古族以青海湖为中心经此路来控制西藏。到清代，从兰州、西宁经青海湖入藏的官马大道形成，青海湖周围的道路趋向网络交通。

二　青海湖的传说

"青海湖"在西汉时称"西海"。《后汉书·西羌》云："羌乃去湟中，依西海、盐池左右。"[1] 西汉末时，称"鲜海"或"鲜水海"，《汉书·王莽传》载，元始四年中郎将平宪等奏曰："羌豪良愿等种，人口可万二千人，愿为内臣，献鲜水海、允谷盐池……"[2] 从魏晋至南北朝，"西海"之名多变迁，北魏时"卑禾羌海"，世谓之"青海"。"青海"一词开始常见于诗人吟咏之作。宋朝，蒙古族入驻青海，译称为"库库诺尔"，藏语称"青海"为"措安泊"，意皆为"青色或蓝色之海"。其周围，南抵昆仑山，北抵祁连山，即古籍中所说的"昆仑之丘"。《安多政教史》中记述青海湖道："蓝似帝青色光茫，犹如日融太空碧苍苍，举目远眺四周无边际，其深难测入海乐洋洋……青海湖浩淼广阔，其深莫测，犹如青青的蓝天……湖中心的海心山，称为玛哈德哇岛，是龙王的居住地。"[3]

有学者认为青海湖在藏语中读作"措安泊"，此为"西王母"的音转，西王母被视为远古时代环湖羌人部落的女首领兼女神。藏学家吴均认为

---

① （南朝宋）范晔：《后汉书》卷87《西羌》，中华书局，2012，第1956页。
② （汉）班固：《汉书》卷99《王莽传》，中华书局，2007，第781页。
③ 智观巴·贡却乎丹巴绕吉：《安多政教史》，吴均等译，甘肃民族出版社，1989，第36页。

"王母"实际就是藏语"旺姆""昂毛""拉毛"（意为女神）的音转。清代佑宁寺高僧松巴堪布·益希班觉是用藏文著书立说的蒙古族文人中最为杰出者之一。他在文集中记述：在古代，青海湖被叫作"赤雪洁莫"，可意译为万翼王母或者吞没万顶帐房沉没的女神王。在藏族神话传说中，青海湖本来是一片辽阔富饶的草原，居住着万户人家，草原上面有一眼清澈碧绿的泉水，泉眼平时由一个盖子盖着，有一天，一个背水的小姑娘忘了盖上盖子，泉水涌出，淹没了万户人家。正巧莲花大师途经此地，立即用一座山峰堵住了喷水的泉眼，这座山为"措娘玛哈岱哇"，意为"心天神"，即今天青海湖的海心山。这个传说至今仍在蒙古族、藏族中流传。

《竹书纪年》《史记》《汉书》等文献中，明确记述"西王母之国""西王母石室"的史实。班固《汉书·地理志》云："金城郡……临羌。西北至塞外，有西王母石室、仙海、盐池，北则湟水所出，东至允吾入河。西有须抵池，有弱水、昆仑山祠。"[①] 临羌为今青海湟源县[②]，向西行走过日月山为西王母石室、仙海青海湖、茶卡盐湖。考古发现，西王母石室在今天峻县关角乡，王莽在此地设置西海郡，以象征"四海一统"。王充曾在《论衡》中记述此事曰："汉遂得西王母石室，因为西海郡，……西王母国在绝极之外，而汉属之，德孰大，壤孰广！"可见，传说中的"西王母国""西王母之邦"就是以青海湖地区为中心的。西王母是河源昆仑神话中的女主神，因此，青海湖地区是河源文化的重要区域。

三　青海湖祭祀仪式

历史上，青海湖南北两岸的交通线路发挥着贯通东西的重要作用。同时，青海湖中有诸多河水注入，湖边四周分布着药水泉、矿泉、温泉、潺潺溪流、青青草地，周边高山峡谷中是茂密的森林。高山、草地、森林、花草以及悠然自得的各种鸟兽，这块土地犹如天然乐园。先秦时期，青海湖就是羌人心目中的神圣大湖。以后历代王朝对此湖均极重视，汉代将其列入"四海"之一，称为西海，并遥拜祭祀。洪武三年（1370）朱元璋下诏：

---

① （汉）班固：《汉书》卷28《地理志》，中华书局，2007，第189页。
② 汉宣帝神爵二年（前60）在此地设立临羌县。

为治之道，必本于礼，岳镇海渎之封，起自唐、宋。夫英灵之气，萃而为神，必受命于上帝，岂国家封号所可加，渎礼不经，莫此为甚。今依古定制，并去前代所封名号。五岳称东岳泰山之神，南岳衡山之神，中岳嵩山之神，西岳华山之神，北岳恒山之神。五镇称东镇沂山之神，南镇会稽山之神，中镇霍山之神，西镇吴山之神，北镇医无闾山之神。四海称东海之神，南海之神，西海之神，北海之神。四渎称东渎大淮之神，南渎大江之神，西渎大河之神，北渎大济之神。帝躬署名于祝文，遣官以更定神号告祭。[①]

清代，创建祭祀"青海神"制，将历代遥祭改为到海边近祭，至1949年为止，共延续220余年。祭海的目的是会盟。祭海、会盟仪式，时间在农历七八月间。祭海仪式有一系列程序，待所有仪式结束后，于次日齐集东科尔寺（今湟源县日月藏族乡境内）大经堂内举行会盟宴。

四 山水一体的自然万物崇拜

在河源文化中，山的信仰往往与水的信仰息息相关，山水的信仰构成了互相关联的两种关系：山的信仰与水的信仰构成绵密的信仰系统；山的信仰包含了水的信仰，或者说水信仰成为山信仰的有机组成部分。昆仑山作为"万山之祖"，在中华民族的信仰体系中占据重要位置，伴随着这样的一个信仰，昆仑山上的水成为神水，并且成为"生命之源"。《太平御览》卷38引《博物志》曰："昆仑从广南一千里，神物集也。出五色云气，五色流水，其白水东南流入中国，名为河也。"《淮南子·隆形训》说昆仑有"四水"，"凡四水者，帝之神皋，以和百药，以润万物"。[②] 由此可知，昆仑山的水是"五色流水"，并且昆仑山上的"四水"是"帝之神皋"，可以滋养万物，不仅是万物生长的源泉，也是生命成长的源泉。

河源地区是由封闭的巨大高山盆地与边缘河谷组合的：实际上是由昆仑主脉和支脉组成的高山山原，不同走向的山岭相互交错，把高原分割成许多盆地、宽谷和湖泊。而边缘又被高山环绕，峡谷深切。山系河流对

---

① （清）张廷玉等：《明史》卷49《礼》，中华书局，1974，第1284页。
② （汉）刘安：《淮南子》，陈广忠译注，上海古籍出版社，2017。

早期河源地区人类的生存和文化的传播走向产生着深刻的影响。河源文化中山水一体的自然万物崇拜就是以宗教、神话构建的自然与人文的整体系统。青藏高原的考古遗产发现表明，从石器时代起，河源地区的先民们就已经自觉地意识到：万物依赖的自然环境不是无生命的物体，而是一种精神的存在，雪山、河流、湖泊、树木被认为是灵性的，因而是有生命力的。山山水水都是有神灵存在的，神话中的山水或以某种动物为象征，或直接以某种神灵形象出现，大地是一个充满生命力的和谐母体。土地、草地、森林、沼泽、湖泊、河流都是大地母亲的肌肤，万万不能损伤毁坏。自然界以雷电、空气、阳光、星星、群山、动物等形式直接对人类社会施以影响，因此，人与自然之间存在相互联系、相互作用的关系，从而自然与人文无法分割，是合二为一的，这是一个和谐整一的系统。

自古以来，生活在河源地区的人们将这里的高山和水源作为神山圣水加以崇拜。高耸的山是威严、高大、力量的象征，是父亲神山。按照地域权限和文化影响范围将神山分为世界神山、区域族群神山、部落社会神山和民众灵魂之山四种不同地位、不同层次的神山。神山是神圣区域的中心，其周围的雪域祥和美满：雪山好比自然现出的奇妙宝塔，四海好比松石曼陀罗，四原如同陈设的芳香供品，四河是天然的四泉水，再配上高山、雪岭等地，俨然一幅吉祥悦意的画面。① 高山与神灵共同构成了神山，高山是神灵生存的依托地，神山又是万物的生存地。"大山是那些把它作为先祖的神山而崇拜的魂山。例如冈底斯山被认为是象雄的神山。"② 阿尼玛卿山是安多地区藏族的神山。

水是自然生态系统中的生命之源，高原生物和人类社会依靠高原的水生存，高原水系又是哺育着周边地区生态系统的源泉。千百年来，人们怀着无比崇敬的心情，一次次寻找纯净的水源，静寂的湖给人以柔软的生命，是母神的象征。因此，圣湖也被当作一个区域或者一个部落的灵魂定居地，"羊卓雍措湖是藏民族的魂湖，假如此湖干涸，整个雪域众生将有灭顶之

① 五世达赖喇嘛：《西藏王臣记》，郭和卿译，民族出版社，1982，第 26~29 页。
② 〔意〕图奇、〔西德〕海西希：《西藏和蒙古的宗教》，耿升译，天津古籍出版社，1989，第 240 页。

灾"。① 这些神话观念已经浸染成民众普遍的自然信仰观：山神居住在神山之上，成为区域和地方的保护神；山神可以创造人、部落的祖先；山神能够将大自然的信息传递给人，使人与大自然发生情感的交流。

不同层次的神山区域形成了各自的文化生态保护区。河源地区的每一个部落区域内的每一座高山和每个湖泊被奉为神山圣水而受到崇拜，从而作为禁忌之地加以保护，神山圣水的保护使每一片区域成为封闭的原生保留地，甘甜的泉水渗进草地，草地孕育花花草草，花朵引来蜂蝶起舞，昆虫为之传播花粉……保留地集中了多种动植物，是不受人类干扰的平衡而和谐的自然生态系统，是一片"生命区域"，是人与自然和谐共生的象征。

第四节　祭河源神庙与"山川神主"

一　河源神庙的兴修与祭祀

《循化厅志》中对河源神庙和禹王庙的兴废做了详细记载。

> 河源神庙，在城北黄河南岸，距城不及里，雍正九年奉旨建。
>
> 雍正八年四月十二日，内阁奉上谕："古称黄河之神，上通云汉，光启图书。《礼》曰：'三王之祭川也，皆先河而后海。'此之为务本。惟神泽润万国，福庇兆民，自古及今，功用昭著。我朝自定鼎以来，仰荷神庥，尤为彰显，或结为冰桥，以济师旅；或淤成禾壤，以惠黎元；或涌出沙洲，作天然之保障；或长成堤岸，屹永固之金汤。他如济运通漕，安澜顺轨，有祷必应，无感不通。至于澄清于六省之遥，阅历于七旬之久，稽诸史策，更为罕闻。神之相佑我国家者至矣！朕敬礼之心至为诚切。因念江南等处皆有庙宇，虔恭展祀。而河源相近之处，向来未建专祠，以崇报享典礼，亟宜举行。查河源发于昆仑，地隔遥边，人稀境僻。其流入内地之始，则在秦省之西宁地方。朕意此地特建庙宇，专祭河源之神，敬奉蒸尝，以答神贶。其如何加封神

---

① 〔意〕图奇、〔西德〕海西希：《西藏和蒙古的宗教》，耿升译，天津古籍出版社，1989，第570、571页。

号及度地建庙，一应典礼，着九卿悉心详议具奏。钦此。"①

雍正皇帝"因念江南等处皆有庙宇，虔恭展祀。而河源相近之处，向来未建专祠，以崇报享典礼，亟宜举行。……朕意此地特建庙宇，专祭河源之神，敬奉蒸尝，以答神贶"。位于黄河南岸的河源神庙奉旨建造。河源神庙的封号、度地、典礼，"着九卿悉心详议具奏"。

五月十五日，礼部会题："臣等伏查史册所载，汉祠河于临晋，宋令膻州置河渎庙，进号显圣灵源公，春秋致祭，祷之有应。明以河渎发源昆仑，亘络中土，润物养民，泽被于世，特行致祭。本朝《会典》内开：顺治二年封黄河神为'显佑通济金龙四大王之神'。康熙三十九年加封黄河神为'显佑通济昭灵效顺金龙四大王'。尊崇之典，视前代有加。仰荷神庥，屡昭符瑞。居民有奠安之庆，漕艘无阻隔之虞。而且化险为平，淤沙成沃，灵显屡著。现今江南河南等省俱建庙宇崇祀，而河源相近之处尚未建祠。臣等查得黄河发源西番枯尔坤山，东流北折，合番地诸水，通积石山，河流始黄，经河州之长宁驿流入中国。应行令该督抚委贤员于河州口外，选择洁净宽敞之地，建立庙宇，专祀河源之神。选择相度，既定规模，绘图呈览。并估计工料，动用正项钱粮，敬谨建造，设立神像。每年春秋，该地方官择吉照例致祭，其加封神号字样，交与内阁选择，进呈御览，恭候钦定。"十七日奉旨："依议。"厅卷

七月，河州顾详："查州西积石关，乃大禹导河旧地，为黄河入中国之始。今奉部示令，于河州口外建造庙宇，应于积石关外滨河地方选择洁净宽敞之处，敬修谨建。职于本月初五日由积石关出口，查有相距积石七十里之草滩坝地方，即新建撒喇城堡之处，其地洁净宽厂（敞），面临黄河，允宜建庙。且附近营堡，即令营员率同土千户韩炳、韩大用等就近稽管，亦属妥便。"十一月，河州顾署，河州协张会详："积石关外黄河环绕于北，庙貌自宜向南，而神像又须阅视河流。今职

① （清）龚景翰编《循化厅志》，李本源校，崔永红校注，青海人民出版社，2016，第205、206页。

等公议，大门、二门、大殿、寝殿俱南向，以昭享祀之诚。复造望河一楼于寝殿之后，另塑神像面临黄河，以便巡阅。会同估计造册，实需工料五千三百五十七两零，部减银六十七两零"。州卷①

从循化厅及县之历史文献记载可知，河源神庙自雍正九年（1731）四月二十一日开工；五月十五日礼部会题，令河州督抚委贤员于州口外，选择洁净宽敞之地，建立专祀河源之神的庙宇；七月河州府奉礼部示令，选择相距积石70里的草滩坝为建造河源神庙之地址，敬修谨建；十月十二日即完成了河源神庙的建造工程，雍正皇帝钦赐匾额"福佑安澜"。这充分显示出清政府对筹建河源神庙的重视，同时也显示了河源神庙祭祀仪式在国家政治生活中的巨大影响力。

河源神庙竣工后，雍正十年（1732）四月二十五日，雍正皇帝撰《御制建庙记》一文，以示纪念。

四渎之中，河为大。自星宿发源，经行数千里而入中国，亘络坤维，泽润九宇。方望之祭，三代以来尚矣。我国家敬共明神，钦崇祀事，精禋昭格，灵贶丕彰。南北堤工，安澜底绩，漕舻利济，输挽以时。抑且引河自汕于中滗，沮洳悉淤为沃壤，澄清千里，经历三旬，上瑞光昭，鸿庥屡著。兖、豫、江、淮之境，各建庙宇，春秋展祀，尊崇令典视前代加虔。顾河源所自，庙貌阙然，于礼未称。朕念昆仑远在荒徼，命使不能时至，而《禹贡》有"导河积石"之文。考其地在今西宁、河州境内，黄河流入中国自此始，则建庙以祀河源之神，实惟此地为宜。乃命礼官详议，敕甘肃抚臣于河州相度善地，恭建新庙。高门广殿，肃穆宏深，发帑鸠工，专官董役。雍正九年冬十月告成，朕亲洒宸翰，赐额曰"福佑安澜"。先是，谕旨甫颁，经营伊始，雍正八年六月之望，河州有庆云捧日之瑞。自午至申，万家瞻仰。七月五日，临洮道臣相地积石关外，见河流澄澈，上下百有余里，彻底莹洁。凡三昼夜，同时入告，共庆嘉祥。朕惟河岳山川，均为造化之

---

① （清）龚景翰编《循化厅志》，李本源校，崔永红校注，青海人民出版社，2016，第206、207页。

功用，而润泽广远，利赖溥被，惟河最灵。河神之福国佑民，历有明验。今兹立庙之地，显著休征。益以知天心降鉴，感则必通；神德昭明，诚无不格。爰志建庙岁月，揭诸贞珉，兼纪明神显应之晴，垂示永久，以昭朕夙夜懋勉，恭承天眷，敬迓神庥之至意云。①

《禹贡》有"导河积石"之文，雍正皇帝以"惟河岳山川，均为造化之功用"，敕令择河州洁净宽广之地，建造神庙祀之神，"润泽广远，利赖溥被"，护国佑民。

庙工告成后，雍正皇帝随即派遣致祭祀之文。雍正十三年太常寺卿王符前往河源神庙祭祀河源神，是国家权力介入对黄河源神祇进行大规模祭祀的一个有力证据。《御制祭文》如下：

惟神源浚昆仑，精符星汉，汇百川而东注，润下成能；亘万里以西来，安澜奏绩。肃将彝典，敬答明神。朕轸念民生，厪怀河务。惟是东南之泽国，实资西北之河源。自三门九曲以朝宗，洪波易激；合万派千源而注海，巨浪遄臻。每当历岁之夏秋，倍切焦劳于宵旰。乃蒙神鉴，锡以鸿庥，湍悍无虞，顺中泓而直下；堤防孔固，束大溜以安流。输挽连樯，群资利济；篝车载道，共乐丰登。皆神明默护于上游，以致庆全河之顺轨。昭兹灵贶，感切朕心，特遣专官虔申祀事，神其广垂嘉佑，宏赞平成，惠我群黎，永绥多福。庶几歆格，鉴此精诚。②

二　禹：从"山川神主"到"夏宗人王"

在《禹贡》《山海经》《尚书》《史记》《汉书·地理志》《神异典》《水经注》《隋书》《西宁府新志》《河州志》《甘青通志》等历史文献资料中，存在大量以历代传颂的治水英雄大禹为核心，围绕"鲧死羽山""鲧腹

---

① （清）龚景翰编《循化厅志》，李本源校，崔永红校注，青海人民出版社，2016，第207、208页。

② （清）龚景翰编《循化厅志》，李本源校，崔永红校注，青海人民出版社，2016，第208、209页。

生禹""娶涂山氏""治理洪水"等内容的记载。

据《史记·夏本纪》和《大戴礼记·帝系》记载，禹为颛顼之孙，生于公元前 2127 年，《史记》载"十年，帝禹东巡狩，至于会稽而崩"，卒于公元前 2062 年。① 鲧为禹之父，因才能出众而深受四方部族的崇敬，是尧帝的重臣，也是治水的先行者。《尚书·尧典》记述：

> 帝曰："咨！四岳，汤汤洪水方割，荡荡怀山襄陵，浩浩滔天。下民其咨，有能俾乂？"佥曰："於！鲧哉。"帝曰："吁！咈哉，方命圮族。"岳曰："异哉！试可乃已。"帝曰："往，钦哉！"九载，绩用弗成。②

鲧采用筑堤修坝的方法试图将洪水围于山川之间，结果九年而未成。之后，尧将鲧因于羽山，三年后杀之。《山海经·海内经》对鲧之死因另有记述，曰："禹、鲧是始布土，均定九州。……洪水滔天，鲧窃帝之息壤以湮洪水，不待帝命。帝令祝融杀鲧于羽郊。鲧复生禹，帝乃命禹卒布土以定九州。"③ 这则神话塑造了一位为了治理水患，未经天帝允许，将天帝之法宝"息壤"（郭璞注：息壤者，言土自长息无限。故可以塞洪水也）偷至人间，用以湮塞滔天洪水的通天贯地的英雄形象。因此，《楚辞·天问》曰："鸱龟曳衔，鲧何听焉？顺欲成功，帝何刑焉？永遏在羽山，夫何三年不施？伯禹腹鲧，夫何以变化？"鲧按照鸱龟的指示前去治水，即将成功之时反被天帝拘禁于羽山受刑，伯禹便是从鲧的肚子中变化出来的。《开筮》曰："鲧死三年不腐，剖以吴刀，（禹出而鲧）化为黄龙。"鲧受刑后，精魂不散，孕育三年为禹。这些互为印证的神话也讲述了鲧之子伯禹出生的神奇性。

《史记·六国表》曰："禹兴于西羌。"又《荀子·大略》记载："禹学于西王母国。"据《山海经·大荒西经》记载：

---

① 沈建中：《大禹陵志》，研究出版社，2005，第 15 页。
② 《尚书》，王世舜、王翠叶译注，中华书局，2012，第 12 页。
③ 《山海经》，方韬译注，中华书局，2011，第 353、354 页。

西海之南，流沙之滨，赤水之后，黑水之前，有大山，名曰昆仑之丘。有神——人面虎身，有文有尾，皆白一一处之。其下有弱水之渊环之，其外有炎火之山，投物辄然。有人戴胜，虎齿，有豹尾，穴处，名曰西王母。此山万物尽有。[①]

又《汉书·地理志》记载："临羌。西北至塞外，有西王母石室、仙海、盐池。"[②] 西海或者仙海即为今之青海湖，赤水为黄河，临羌为今青海湟源县。西王母为西羌母系氏族部落首领，其统治区域是以青海湖——西王母之瑶池为核心的日月山周边地带。

禹在总结父亲鲧治水失败的原因后，从西王母处学到了治理水患的重要方法——改"堵"为"疏"。在鲧的时代，治理大洪水所用的方法为"堵"，黄河水已经漫灌入青海湖，以致河海不分。禹用天帝之息壤隆起日月山，将青海湖阻隔在日月山以西，隔断河海；禹又依循黄河源头地理地势之走向，将百姓迁居至高处，相继开通积石峡、贵德峡、龙羊峡、乱麻峡等渠道，黄河水则顺山势西流，治理了水患。

　　"禹平水土，主名山川。"（《尚书·吕刑》）
　　"禹乃以息土填洪水，以为名山。"（《淮南子·坠形训》）
　　"昔者禹之湮洪水……名山三百。"（《庄子·天下》）

"主"是"主领"的意思，禹也因此成为名山川的主神。《大戴礼记·五帝德》曰："禹……为神主……左准绳，右规矩，履四时，据四海，平九州岛，戴九天。"《淮南子·坠形训》曰：

　　禹乃使太章步自东极至于西极，二亿三万三千五百里七十五步；使竖亥步自北极至于南极，二亿三万三千五百里七十五步。凡鸿水渊薮自三百仞以上二亿三万三千五百五十（里）有九（渊），禹乃以息土填洪水，以为名山。掘昆仑虚以下地；中有增城九重，其高万一千里

---

①　《山海经》，方韬译注，中华书局，2011，第 322 页。
②　（汉）班固：《汉书》卷 28《地理志》，中华书局，2007，第 178 页。

百一十四步二尺六寸……旁有四百四十门……旁有九井；玉横维其西
北之隅；北门开以内不周之风，倾宫、旋室、县圃、凉风、樊桐在昆
仑间阊之中。①

禹用息壤湮塞洪水，放置九州，造川谷名山后，又派太章、竖亥等人丈量
天地四极之东西南北的步数，又从天上掘下昆仑虚。不仅如此，《淮南子·
天文训》还曰："日出于旸谷……日入于虞渊之祀，曙于蒙谷之浦，行九州
七舍，有五亿万七千三百九里，禹以为朝、昼、昏、夜。"② 禹还驱使太阳，
划定了昼夜晨昏。

《齐侯镈铭》曰："虩虩成唐（汤），有敢（严）在帝所，博受天
命……咸有九州，处禹之堵。"③ 成汤受命于天帝享有九州岛，住在了禹用
天帝之息壤造就的大地上。《秦公簋》云："不（丕）显朕皇且（祖）受天
命，鼏宅禹赍，十又二公，在帝之坏，严恭寅天命，保业厥秦。虩使蛮
夏。"④ "赍"通"迹"，九州之地都是禹造就的，因此，遍天下都有禹之
迹。⑤《尚书·立政》也言："其克诘尔戎兵，以陟禹之迹，方行天下，至于
海表，罔有不服。"⑥ "陟禹之迹"义同于"鼏宅禹赍"，"方行天下，至于
海表"可知禹迹之广。对此，《左传》襄公四年也曰"芒芒禹迹，画为九
州，经启九道"，九州即为普天之下。"禹迹"又作"禹绩"。《诗经·大
雅·文王有声》载："丰水东注，维禹之绩。"《诗经·商颂·殷武》也载：
"天命多辟，设都于禹之绩。"⑦

因为禹之功绩，《国语·鲁语上》曰："鲧障洪水而殛死，禹能以德修
鲧之功……故……夏后氏……郊鲧而宗禹"，"障洪水"即"堙洪水"之变，
鲧堙洪水，禹修鲧之功，所以夏后氏郊鲧而宗禹。《国语·周语下》对鲧、
禹与夏的关系不仅有了更为明确的表述，而且为黄帝、颛顼、鲧、禹"建

---

① （汉）刘安：《淮南子》，陈广忠译注，上海古籍出版社，2017。第 147 页。
② （汉）刘安：《淮南子》，陈广忠译注，上海古籍出版社，2017。第 106~107 页。
③ 转引自郭沫若《郭沫若全集·历史编》（第 1 册），人民出版社，1982，第 305 页。
④ 转引自王国维《古史新证》，湖南人民出版社，2010，第 3 页。
⑤ 安徽怀远县有禹王宫，陕西韩城市有禹门，河南开封有禹王台，湖南长沙有禹王矶。青海
省关于大禹的故事和遗迹也有很多。
⑥ 《尚书》，王世舜、王翠叶译注，中华书局，2012，第 300 页。
⑦ 袁梅：《诗经译注（雅、颂部分）》，齐鲁书社，1982，第 642 页。

立"起同出一源的家谱。其记载如下：

> 灵王二十二年，谷、洛斗，将毁王宫。王欲壅之。太子晋谏曰："不可！晋闻古之长民者，不隳山，不崇薮，不防川，不窦泽。……昔共工弃此道也，虞于湛乐，淫失其身，欲壅防百川，堕高湮庳，以害天下，皇天弗福，庶民弗助，祸乱并兴，共工用灭。其在有虞，有崇伯鲧播其淫心，称遂共工之过，尧用殛之于羽山。其后伯禹念前之非度，厘改制量，象物天地，比类百则，仪之于民，而度之于群生。共之从孙四岳佐之，高高下下，疏川导滞，钟水丰物，封崇九山，决汨九川，陂障九泽，丰殖九谷，汨越九原，宅居九隩，合通四海。故天无伏阴，地无散阳，水无沉气，火无灾燀，神无间行，民无淫心，时无逆数，物无害生。帅象禹之功，度之于轨仪，莫非嘉绩，克厌帝心。皇天嘉之，祚以天下，赐姓曰'姒'，氏曰'有夏'，谓其能以嘉祉殷富生物也。祚四岳国，命为侯伯。赐姓曰'姜'，氏曰'有吕'，谓其能为禹股肱心膂，以养物丰民人也。"[①]

顾颉刚在《讨论古史答刘胡二先生》中谈道："西周中期的禹为'山川之神'，后来有了社祭，又为'社神（后土）'。……其神职全在土地上，故其神迹从整体上说，为铺地，陈列山川，治洪水；从农事上说，为治沟洫，事耕稼。……禹的传说渐渐倾向于'人王'，与神话脱离。"[②] 从上述《诗经》、《国语》及《左传》等典籍有关"禹之史事"的记载中也可看出，春秋时期的"禹"已完成了由"山川神主"到"夏宗"和"人王"角色的转变，事迹更加丰富，禹之传说在流传中也逐步被认定为"信史"。

三　祭禹祀典的肇始与发展

根据《礼记》卷23《祭法》所载古代礼制："夫圣王之制祭祀也，法施于民，则祀之；以死勤事，则祀之；以劳定国，则祀之；能御大灾，则

① 《国语》，陈桐生译注，中华书局，2013，第111、112页。
② 顾颉刚：《讨论古史答刘胡二先生》，《史地学报》第3期，1924年。

祀之；能捍大患，则祀之。"①《汉书》卷25《郊祀志下》载："功施于民，则祀之。"②故历代以华夏民族祖先崇拜的祭祀原则，为大禹建立祠庙，均遵奉祭禹祀典。祭禹祀典发端于夏王启，是中国历代王朝祀典中的一项重要内容，历代对祭禹都极为重视。《吴越春秋》曰："启使使以岁时春秋而祭禹于越，立宗庙于南山之上。"③公元前2059年前后，大禹之子夏王启，祭会稽之大禹陵，开启祭禹祀典的先导。《史记·秦始皇本纪》曰："三十七年十月癸丑，始皇出游，……上会稽，祭大禹，望于南海，而立石刻颂秦德。"④开创皇帝祭禹的纪录，也开启了祭禹祀典的最高礼仪，至今大禹陵仍有秦国左丞相李斯记秦始皇东巡祭禹之事的石碑。至宋建隆元年（960），宋太祖将祭禹正式列为国家常典。《元史·祭祀志》记载，致和元年（1328），"禹之庙依尧祠故事，每岁春秋仲月上旬卜日，有司涓洁致祭，官给祭物"。⑤元朝大禹祭祀形成制度。明、清两朝的祭禹仪式和制度则最为完备，典礼更为隆重。

祭祀大禹的仪式主要是每年农历的二月、八月举行的春秋例祭。祭祀形式主要是：一是皇帝亲祭。承袭秦始皇"上会稽，祭大禹"的皇帝祭禹传统。清代康熙帝玄烨、乾隆帝弘历亲临会稽祭禹。二是遣使特祭。各朝代因都城距大禹陵遥远，故在春秋例祭之时，或有国家重大活动及庆典时，由皇帝遣使斋沐赍礼前去大禹陵祭禹，或遣使到有关禹庙致祭，明代尤其形成遣使特祭制度。三是地方公祭。主要是各级地方官每岁在大禹陵和各地禹庙等进行春秋例祭和诞辰祭祀。四是宗室族祭。主要是禹氏宗族后人在大禹的诞辰或者忌日进行的民间祭祀。《史记·夏本纪》记载禹后裔繁多，除姒姓外，当时已有10多个姓氏，以后枝叶蔓延，累代衍生。五是京师郊祭。《礼记·郊特牲》曰："万物本乎天，人本乎祖，此所以配上帝也。郊之祭也，大报本反始也。"⑥历史上各朝每年举行郊祭，祭天地日月山川诸神，祭禹也是郊祭主要内容之一。六是立殿庙祭。自魏孝文帝时起，特

---

① 《礼记》，胡平生、张萌译注，中华书局，2017，第891页。
② （汉）班固：《汉书》卷23，中华书局，2007，第1268页。
③ 《吴越春秋》，崔冶译注，中华书局，2019，第165页。
④ （汉）司马迁：《史记》卷6，（宋）裴骃集解，（唐）司马贞索隐，（唐）张守节正义，中华书局，2011，第222页。
⑤ 《元史》卷76《祭祀志》，中华书局，1976，第1903页。
⑥ 《礼记》，胡平生、张萌译注，中华书局，2017，第489页。

别是在明代，在与禹之出生、治水相关的地方，都建庙祭祀，其地域分布遍及华夏大地。

四　哈拉库图古城禹王庙

大禹治水，源在青海，故遗址多在河源地区。哈拉库图禹王庙虽因年代久远，已经湮灭在历史的尘埃中，但它是整个黄河流域的第一座禹王庙。"哈拉库图"，蒙古语为"黑呼图克图"，意为黑喇嘛也。光绪三十四年（1908）张庭武修，杨景升纂，宣统二年（1910）甘肃官报书局刊本《丹噶尔厅志》卷6《水源》曰："哈拉库图河，源出哈城南十余里雪山垠，北流汇集四渠，至哈城东北仍分流，北注于湟。"[①]今存清乾隆五年（1740）所筑哈拉库图古城遗址，归属丹噶尔厅。丹噶尔厅为道光九年（1829）置，隶甘肃西宁府，故地大致相当于今青海省西宁市的湟源县。厅治位于西宁以西约50千米的青海湖东岸、日月山东麓，历来是青海与西藏间的交通要道，俗称"海藏通衢"。历史上的"湟源"之名随时代的变迁而被赋予不同的含义，上古与隋唐时期以鸟取名，称为"鸥鹈"和"绥戎"；汉代与明代以地域、地形取名，称为"临羌"和"俱尔湾"；清代称为"德木尔卡"，以河流取名，又称为"东科洛"，以寺院为名，后称"丹噶尔"。"丹噶尔"蒙语意为"白海螺"，藏语意为"市镇"，民国以后全国统一建置，遂改"丹噶尔"为"湟源"，意为湟水源头。

哈拉库图古城不仅是日月山脚下的一个交通要冲，而且在长城历史中具有重要的交通中转作用。

《丹噶尔厅志》中也详细记述了哈拉库图与周边地域的情形及其重要性：

> 日月山卡，山顶有日月石迹，为自汉以来赴青海之孔道。迤西察汗托罗亥城，距哈城正西五十里。由兔尔干之东南近山口，其地渐宽。二十余里，即哈城。东北河流之外，即为山坡。东南地方辽远，番子牧帐牛羊弥望山谷。日月山在其西，赴青海之咽喉。南山高峻，界限

---

① （清）杨志平：《丹噶尔厅志》，何平顺等标注，马忠校订，青海人民出版社，2016，第352页。

中外。东至东峡分水岭，尚三十余里。①

"日月山"属祁连山脉，是青海湖东部的天然水坝，藏语为"尼玛达哇"，蒙古语为"纳喇萨喇"，均为"太阳"和"月亮"之意。关于"日月山"名称的由来，"口碑有云，当公主行抵赤岭时，非常怀念内地长安，想最后凝望一下。可是群山起伏，云雾弥漫，哪里望得见！于是她怀着对长安锦绣河山无比眷恋的心情，取出临行前长孙皇后（鲜卑族）赐予她的'日月宝镜'，毅然抛下赤岭东坡，以示她不愿再看长安，一心前往逻些城的决心。'日月山'的名称也就由此流传下来"。② 从总体上来看，目前根据学术界相关历史文献和已有的考古成果的争论可知，③ 历史上的日月山及其周围区域的重要性体现为：不仅是河源地区农耕文明和游牧文明、青海湖流域与黄河流域等多个地理空间上的分界线，也是政治力量管辖的分界线。

1989 年 10 月当代著名诗人昌耀作《哈拉库图》一诗：

> 但是哈拉库图城堡有过鲜活的人生。
> 我确信没有一个古人的眼泪比今人更少，
> 也没有一个古人的欢乐比今人更多。
> 那时古人称颂技勇超群而摧锋陷阵者皆曰好汉。
> 那时称颂海量无敌而一醉方休的酒徒皆是壮士。
> 我正是从哈拉库图城纪残编读到如下章句：
> ……哈拉库图城堡为行商往来之要区，
> 古昔有兵一旅自西门出征殁于阵无一生还者，

---

① （清）杨志平：《丹噶尔厅志》，何平顺等标注，马忠校订，青海人民出版社，2016，第 239 页。

② 黎宗华、李延恺：《安多藏族史略》，青海民族出版社，1992，第 27 页。

③ 王昱在《石堡城唐蕃争夺战及其方位》（《青海社会科学》2010 年第 6 期）一文中认为，石堡城就在今青海省湟源县日月山口以东 20 里的石城山大小方台上，而赤岭位于青海省湟源县的日月山是世人公认的。李宗俊在《唐代石堡城、赤岭位置及唐蕃古道再考》（《民族研究》2011 年第 6 期）一文中认为，《新唐书·地理》和《资治通鉴》胡注等文献资料对石堡城、赤峰的地理位置记载有误，与唐代发生的相关史实并不相符，从实地调查结果和今甘肃省卓尼县羊巴城出土的碑文、方印、遗址等考古发现来看，羊巴城即为唐代石堡城。此外，李宗俊又通过实地调查和史料考证，论证了赤岭并非位于青海湖附近的日月山，而是在唐代洮州。

哀壮士不归从此西门壅闭不开仅辟东门……①

所引诗句不仅是昌耀对历史长河中的哈拉库图理性思考后的感性呈现，而且也是对哈拉库图城在历史的时间轴与现实的空间中交织着的民族、社会特质的一种文学性的概括。哈拉库图禹王庙修筑在古城西面最高处，20世纪60年代初尚在，庙内塑有禹王神像，犹如汉哀帝建平元年（前6）刘秀（原名刘歆）在《上〈山海经〉表》中记叙的那样："出于唐虞之际，昔洪水洋溢，漫衍中国，民人失居，崎岖于丘陵，巢于树木，鲧既无功，而尧帝使禹继之，禹乘四载，随山刊木，定高山大川。"禹王庙内壁绘有大禹治水的恢宏场面。

五　积石关禹王庙之兴废建制

中国最早的地理名著之一《尚书·禹贡》记载：

> 导河积石，至于龙门；南至于华阴，东至于底柱；又东至于孟津；东过洛汭，至于大伾；北过降水，至于大陆；又北播为九河，同为逆河，入于海。②

又《山海经·海内西经》曰："河水出东北隅，以行其北，西南又入渤海，又出海外，即西而北，入禹所导积石山。"关于"积石"的位置，现存最早的说法是郦道元《水经注·河水注》中的"（积石）山在陇西郡河关县西南羌中"，《循化厅志》详述"积石山"曰：

> 在厅治之北不及里，黄河北岸，嶙峋峭拔，全体皆石，迤逦东去约六七十里。黄河行山麓之南，南趋土门墩，折而北，傍山行，过起台沟口，南岸亦有石山束之。所谓两山如削，河流经其中也。至积石关始出峡。

---

① 《昌耀诗文总集》，青海人民出版社，2000，第465、466页。
② 《尚书》，王世舜、王翠叶译注，中华书局，2012，第81页。

河北有层山，山甚灵秀，山峰之上立石数百丈，亭亭杰竖，竞势争高，远望嵾嵾若攒图托霄上。其下层岩峭举，壁岸无阶。悬石之中，多石室焉。室中若有积卷矣，而世士罕有津达者，因谓之积书岩。岩堂之内，每时见神人往还，盖鹤（鸿）衣羽裳之士，练精饵食之夫耳。俗人不悟其仙，乃谓之神鬼。彼羌目鬼曰唐述，复因名之为唐述山。指其堂密之居，谓之唐述窟。其怀道宗元之士，皮冠净发之徒，亦往栖托焉。故《秦川记》曰：河峡崖旁有二窟，一曰唐述窟，高四十丈；西二里有时亮窟，高百丈，广二十丈，深三十丈，藏古书五笥。亮，南安人也。下封有水，导自是山，溪水南注河，谓之唐述水。①

《临洮府志》记述曰："积石山在河州西北一百二十里，西临番界。两山如削，河流经其中。"循化厅其始为河州厅，河关县置于西汉神爵二年，其故地约在今青海省贵德县西南一带，该县的西南就应该在今青海东部与甘肃交界处。即为循化县附近的小积石山，此山为昆仑山脉拉脊山之延伸部分，古代历史典籍亦称为"唐述山"。② 积石关地势险要，黄河气势如虹，从积石峡汹涌而出，奔流入海，这里自汉代以来是中原汉族与青藏高原羌民族的重要分界线，是兵家必争之地，也是政权更迭频繁、民族交融交流交往广泛的要地。

积石峡中，留有许多大禹导河传说的遗迹，如禹王石、大禹斩蛟崖、骆驼石、天下第一石崖、禹王庙等，使得积石关更加神秘诱人、富于传奇色彩。晋代诗人成公绥有诗作《大河赋》曰："览百川之宏壮兮，莫尚美于黄河；潜昆仑之峻极兮，出积石之嵯峨。"明代诗人刘卓在其诗作《题积石》中曰："山势万仞，峭拔苍翠，下流黄河，汹涌莫测，书曰：导河积石是也。"清代罗锦山有诗云："探源积石禹功尊，穿峡黄河绕足奔。涌出怒涛喷雪唾，破空骇浪撼云根。"清高宗乾隆三十六年（1771）进士龚景瀚曾

---

① （清）龚景瀚编《循化厅志》，李本源校，崔永红校注，青海人民出版社，2016，第43页。
② 可参见《元和郡县志》："积石山，一名唐述山，今名小积石山。在枹罕县西北七十里。"《一统志》："积石山在河州西北，接西宁界，亦曰小积石山，本名唐述山也。"《水道提纲》："黄河东北经积石山南，阿木你大拉加山积石关之北，北岸入西宁东南边外界，南岸入河州内西北界。此唐、宋以来所名之积石也，即古唐述山，亦曰小积石。西十四度，极三十六度。计西南去大积石五百余里。"（齐召南著，胡正武点校，浙江大学出版社，2021）

在多地为官，政绩优卓，最后官至兰州知府。乾隆五十七年，他调为循化厅同知时作诗《赴循化道中》曰："河州西去郁嵾嵷，鸟道盘空百丈遥。出塞方知天地阔，近关已觉语音嚣。山当绝域朝朝雪，路绕流泉处处桥。持节惭为假司马，从今未敢薄班超。"清高宗乾隆六年拔贡吴镇作《积石歌》，不仅歌颂了大禹鬼斧神工"导河积石"之历史功绩，而且描绘了积石峡绮丽的景观："羽山黄熊老无谋，万国戢戢生鱼头。圣子疏凿起积石，神工鬼斧惊千秋。天门屹立云根断，灵光闪烁飞雷电。君不见悠悠河水向东流，至今无复蛟龙战！"

关于积石关禹王庙的兴废及建制，明嘉靖二十五年（1546）纂修的《河州志》中吴祯撰写的《禹王庙记》记载：明弘治庚申（1500），巡按御史李基游历至积石关，赞誉曰："美哉！山河之固，金城形胜，莫有过此者，皆大禹圣人之功也。惟功在天下万世，神亦在天下万世。神既无往而不在，祀亦无往而不举。"随即安排河州守备蒋昂创立禹王庙。又清代王全臣编修的《河州志》中记载："嘉靖乙酉（1525），巡按御史虞闻之增修展基址，奏准命州春秋祭祀。嘉靖乙亥，巡按御史刘良乡重修，大门内左察院一所，右按察司一座，门房一座。岁久倾圮，回民耕其宇下，神座以外，尽为禾黍。康熙四十五年，知州王全臣卜地更建大殿三间，左右廊坊六间，大门三间，募居民看守给田。"① 明嘉靖乙酉，御史房闻之巡按陕西（时河州隶陕西行都司），路过禹王庙，祠庙残败不堪，"爰移檄分守参政宜宾王公教，边备副使骊城翟公鹏督属重建。移至关内，东向"。于1525年，将禹王庙移到关内，增展地基，扩建庙宇，建筑宏伟，闻名遐迩，盛极一时，并奏准春秋祭祀。尚书彭泽撰写《重修积石禹王庙记》，碑文如下：

积石，古雍州之域，龙支故地，有大禹王祠庙。岁久，倾圮为甚，且僻置关外。嘉靖甲申，侍御古朔卢公问之，奉命巡按陕西，还自甘肃，历西宁，将之河州，道经祗谒，既仰而叹曰："岂有圣德神功，充宇宙而冠古今之帝王，躬覆疏凿之地，祠宇荒陋至此哉！"爰移檄分守参政宜宾王公，教兵备夫使骊城翟公鹏督属重建，移至关内。东向，

---

① （清）王全臣纂修《河州志·河州卫田赋户口屯寨附》第1册，临夏图书馆据北京民族图书馆藏本印，1985，第53页。

中为殿六楹，设神位、肖像龛幕；后为寝殿八楹，左右各为庑，前后共十有六，缭以周垣，广一丈，计八十有五，袤二百丈；前为重门，各四楹，题额如制。经始于是年九月，落成于次年二月。乃走书致币于兰，属泽记之。

呜呼！古今祀典，惟崇德报功耳。然功必德以基之于始，而将之于终也。夏禹当帝舜摄位之初，拜司空，宅百揆，以平水土。历胼胝尤勤，十有三年。地平天成，六府孔修，而声教四讫，神功之盛，莫可纪极，终陟元后，卒之三苗来格，天锡九畴，执玉帛会于涂山者万国。至龙驭宾天，四海朝觐，讴歌颂狱者，不之益而之启，延诈（祚）四百，天之锡佑何如哉？厥后商汤侍其裔，为虞不宾之臣。周武王封于杞而永其祀。况水之害，莫大于河，禹之神功，尤于河居多。积石，河流险厄之地，禹所亲历，大非江、淮、汉、济诸水可委之从事者，其庙祀固可废哉？兹举也，固当于威茂诞育之地，会稽上宾之墟，龙门疏导之绩，各载祀典者，同诚崇报之盛事已乎！自昔至今，按甘肃诸公，西履嘉峪，东抵积石诸关，然后由兰、靖诸边，始至秦陇。振纪纲，兴废坠，崇风化，严而不苛，宽而不纵，殚心竭力，才优综理，而学足以济之。如卢公者，亦未必皆然也。镇、巡、藩、臬诸公，以及文武守臣，协心同德，期以上报国恩，下奠疆域，有由然哉！泽迂腐凡才，素寡学术，仰止徒虔，而智莫窥先圣功德于万一，幸厕名金石，岁年之末，不胜汗颜，借重亦多矣。程子曰："学孔子必自颜子始。"泽尝不自揆曰："法尧舜必自大禹始。"敢再拜诵，以为诸公告，请可否之。其承行督工官属，仍书之碑阴，用永其传焉。[1]

碑文中对大禹祠庙的内部建制有清晰明确的记述："东向，中为殿六楹，设神位，肖像龛幕；后为寝殿八楹，左右各为庑，前后共有十六；绕以周垣，广一丈，计八十有五，袤二百丈，前为重门，各四楹，题额如制。"嘉靖己亥（1539），巡按御史刘良乡又重修禹王庙。直到清康熙四十五年（1706）河州知州王全臣重修禹王庙时，因时隔久远，禹王庙亦已成为颓垣败瓦，

① （清）王全臣纂修《河州志》卷 5 下第 3 册，临夏图书馆据北京民族图书馆藏本印，1985，第 156 页。

修葺一新后王全臣亲自撰写《重修禹王庙碑记》以记之：

> 《书》称禹导河自积石，是其随刊发轫之地。有明边臣奏请立庙，载在祀典。余任河之明年，以事至积石关，问禹庙所在，则颓垣败瓦，回民犁锄及于宇下，乃大为惩革，方议葺之，而未有暇也。以今年春，卜仍于旧地，面河北向为大殿，左右廊庙门，周以土垣，足给祭祀而已，落成，乃记之。夫佃渔烹饪，宫室冠裳，水土寅饯，教稼明伦，开辟诸大事，愈远而功愈深，德愈溥。而平地成天，世独传诸神异，以其所设施，类非人力所能至也。《国语》："能捍大灾，御大患，则祀之；法施于民，则祀之。"今浮屠、老子之宫，日新月盛，祷祀无虚日。而万世永赖之祀，有司以非福田所在，考成所及，漫不之省，所谓畀以山川，俾主神人者，其谓之何？且其食德背本，不亦既甚矣哉！本朝监于二代，诸制一因有明，则斯典也，亦不可谓非功令之所存也。爰勒之石，以贻后人。[1]

积石关禹王庙自明代建成后，朝廷就开始派遣特使专程致祭，地方政府每年也派员春秋祭祀。明嘉靖本《河州志》记载，嘉靖丙午，嘉靖皇帝差遣山东道监察史胡彦到禹王庙祭祀，并撰写《禹王庙祭文》，巡按御史虞闻之亦奏准命州春秋祭祀。到了清代，皇帝也差遣官员前来祭祀，甚至有时皇帝还御撰祭文，设醴祭奠。陕西韩城市有禹门、河南开封市有禹王台、安徽怀远县有禹王宫、湖南长沙市有禹王矶……禹王遗迹遍及黄河流域，但由尚书、总制等高级别朝廷官员撰写庙记，以及皇帝派遣特使祭祀、御撰祭文祭奠的禹王庙却极为少见，足见积石关禹王庙的重要地位和明清朝廷对禹王庙祭祀的重视程度。以后积石关禹王庙几遭兵燹，[2] 遗址逐渐鲜为人知。

---

① （清）王全臣纂修《河州志校注》卷5，刘电能、沈文学校注，甘肃文化出版社，2017，第271～273页。

② 中国西北文献丛书编辑委员会编《西北稀见方志文献·河州志》卷49，兰州古籍书店影印本，1990，第634～635页。

第五章

青藏高原生态伦理思想：自然崇拜

生态问题涉及的主要是人与自然关系的问题。爱默生（Ralph Waldo Emerson）在《自然沉思录》的自然篇中写道：

> 田野和树林给予人的最大的快意要数它们向我们显示的人与植物之间那种玄奥的关系。我并不是孤立的、不被承认的。它们向我点头致意，我也向它们点头致意。树枝在暴风雨中招摇，对这情景我觉得既新鲜又熟悉。它让我吃惊，又对我保持着距离。有时，有某种高深的思想和美好的情感出现在我心头，我认为我正在正确地思想，或恰当地行动，这风中招摇的树林给予我的感受就类似于我在这个时候的心情。①

然而在现代社会中，人在纷繁复杂的物质世界中迷失了方向，原本立体的、生命鲜活的、内涵丰富的人变成了苍白无力的"单面人"。人被异化了，人性被扭曲了，人失去了爱默生笔下与自然的亲和能力，隔断了与自然的和谐共存关系，自然成为供人类掠夺和占有的对象，人与自然的关系不断恶化，生态危机成为目前困扰人类最严重的全球性问题。

---

① 《自然沉思录：爱默生自主自助集》，博凡译，天津人民出版社，2009，第10页。

第一节　节制欲望，适度索取

一　生命的栖息地

汤因比在其著作《人类与大地母亲：一部叙事体世界历史》中强调：

> 生物圈①的规模极为有限，因此它所包含的资源也很有限，而所有物种都依赖于这些资源以维持它们的生存。一些资源是可以更新的。另一些则是不可再生的。对任何物种而言，如果过分使用可更新资源，或是耗尽了不可再生的资源，都会导致自身的灭绝……生物圈通过一种自我调节和自我维护而获得的力量平衡实现存在与生存。生物圈的各种成分是互相依赖的，人类也和生物圈中所有的成分一样，依赖于他与生物圈其他部分的关系。在思维法则中，一个人可以把自己与其他人相区别，与生物圈的其他部分相区别，与物质和精神世界的其他部分相区别。②

生态圈迄今是我们唯一的栖身之地，也将永远是我们唯一的栖身之地。③ 生态圈即为"生境"（habitat），生境一词源自希腊语 Biotope，意指"生命的栖息地"，即物种或物种群体赖以生存的大自然与生态环境。自达尔文时代以后，环境被视为一个生命之网（生态系统），在这个网内所有动植物都彼此互动，而且都与特定环境的自然相互作用、相互影响。

澳洲葛瑞夫大学（Griffiths university）的环境学者罗伊（lan Lowe）在澳大利亚南威尔斯的尤加利树林研究松露时发现，松露对其邻近的树木生长大有贡献，显示生命组合间有着细致、不可预期的联结。松露与尤加利

---

① 阿诺德·汤因比在其著作中使用的是法国哲学家、地质和古生物学家德日进（Teilhard de Chardin, Pierre, 1882-1955）首创的"生物圈"一词。

② 〔英〕阿诺德·汤因比：《人类与大地母亲：一部叙事体世界历史》，徐波等译，上海人民出版社，2012，第4~7页。

③ 〔英〕阿诺德·汤因比：《人类与大地母亲：一部叙事体世界历史》，徐波等译，上海人民出版社，2012，第8页。

树都需要自土壤吸收水分与矿物质，罗伊发现根部附近长有松露的尤加利树，会得到较多的水分与矿物质。而罕见的长鼻袋鼠（Potoroo）最爱吃松露，长鼻袋鼠吃了松露后，会将松露的芽孢排泄至他处，有利于增进整个树林的生态健康。长鼻袋鼠、松露与尤加利树分属哺乳类、真菌与植物，三个不同物种却在此形成巧妙、互相依赖的联结。

"人与自然和谐共生"的生存智慧，是青藏高原河源文化的内在逻辑，也是构成"人与自然生命共同体"的基本法则。大自然不是被理解为一个需要征服的力量，而是一个有生命的存在，所有的生命都来源于它，而且要把贡品和献祭献给它。明、清、民国时期的地方志记载，"八宝山①为西宁、凉州、甘州、肃州周围数郡之镇山，山生彩松、穗松、山之草木、牲畜、禽鸟，人无敢动者，动则立见灾祸。附近蒙古、熟番以及牧场人等，俱皆敬畏戒守，不敢妄行"。② 位于气候温暖的黄河北岸兴海县河卡乡境内有一座寺院，被称为"阿佐贡巴"，距离该寺二三十千米的一座山上有一片松树林，当地人称为"茨特那"，"茨特"意为"长寿"或者"放生"，"那"为森林、树林之意。这片松树林被阿佐寺用藏族"放生"法的措施保护得很好。"放生"原本是在家畜等动物身上使用的一种包含"长寿""永不宰杀"等具有宗教意义的戒杀形式，用一撮白绵羊毛拴在被"放生"的动物身上，是放生的标志。藏族人一看到这个标志，便知晓该动物已被"放生"，只等它长寿直至自然死亡。阿佐寺在这片松树林的每一棵树上都系上一撮白绵羊毛，警示人们这片森林已被寺院"放生"，不得随意砍伐。阿佐寺将"茨特那"松树林中的每一棵树都视作有灵性的生命物，从而在客观上取得了保护树木的最佳效果。可见，在"这个生命共同体"中，动植物、人的生命与青藏高原河源之生态环境相互依赖、相互支持、休戚与共，一旦河源地区万物的生命与栖息地受损，人在这个生命体中也必将受到重创。

二 与自然共生之道

"四荒之西极之地"——青藏高原河源地区的整个自然界是一个巨大的生命社会，人在这个生命社会中并无支配占有的地位，而是与其他生物相

---

① 位于今青海省祁连县祁连山南北，具有涵养水源之功能。
② （清）钟赢起纂《甘肃府志》，张志纯等校点，甘肃文化出版社，1995，第145~146页。

互依存的关系。这里高寒缺氧、生态脆弱。千百年来，世居在此的人们主要依靠大自然的赐予维持自身生存，人们心怀感恩，谨慎探索自然的奥秘，遵从自然法则采取行动，探求与自然共生之道。这里的文化强调的是自然界生命的和谐统一与持续性原则，是一种古老的生态意识的朴素表达。

黄河源所在的约古宗列盆地，藏语意为"炒青稞的浅锅"，名称准确而形象地反映了这个盆地的特征。在群山连绵、河汊交结的高原上，"约古宗列"被四面缓缓的丘陵包围。当地的藏族神话传说记述，耸立在盆地西部的雅拉达泽峰（海拔5214.8米），是阿尼玛卿（雪）山的儿子，被派遣至此守护河源。在气候多变的高原上，雅拉达泽时而耸立于清澈的蓝天之间，时而被浓云笼罩，时而薄云如纱缠系山腰，的确是一位无论风云如何变幻亦坚守诺言的武士。而在盆地的东侧是位名为卡里恩尕卓玛的"银白色仙女"，在辽阔高远的黄河源头，西金童东玉女，遥遥相视，共同守护着母亲河的神圣源头。这个美丽的传说不仅表明了黄河流域最高雪山阿尼玛卿山与黄河源之间的密切关系，也显示出高原儿女对黄河源图腾般的极度崇敬。

被誉为"东方荷马史诗"的藏族英雄史诗《格萨尔王传》，以宏大的叙事在全面展示特定历史时期青藏高原的社会结构、生产生活的同时，也深刻表达了"人与自然和谐相处"的生态伦理观念。《英雄诞生》中记述，7岁的格萨尔和母亲被叔父超同驱赶到黄河源的玛麦，这个地方正在遭受严重的鼠害，山腰的茅草和大滩的草根都被老鼠咬断、啃食，土地呈现出一片焦黑色。因为没有充足的饲料，大量的牲畜被饿死。看到这番情景，格萨尔萌生了人与草山共生的意识，在他的不懈努力下，玛麦变成了水草肥美、牛羊肥壮的草原。此外，《霍岭大战》从另外一个侧面也记述了藏族先民们所具有的人与草山共生的意识。霍尔在部落出兵前，都要告诫部队：除非必要的交战，不允许破坏沿途经行的一草一木和林草植被。草木植被都须受到绝对的保护，部落之间的征战不以破坏草山为代价。

史诗中唱道：

云彩若不彻底散开，太阳月亮不得见，
太阳月亮不发光，大地水土怎温暖？

> 大地水土不温暖，花草生长有困难；
>
> 花草如果不生长，人畜生命怎保全？
>
> 空中如不起云彩，丝丝甘雨怎降落？
>
> 天空不落甘露雨，地上青苗怎能活？
>
> 青苗若是不出土，丰富六谷怎能熟？

这形象地说明了日月、大地、动物、河流之间的依存关系和因果关系，史诗在讴歌了保护和拯救生态的英雄之力的同时，突出记录了藏族先民对自然草山生态的保护意识。

藏族神话《幸福鸟》云：

昔西藏有恶地，无田地河流，无鲜花树木青草，人皆冻馁而不知幸福之状。老人云，幸福乃一美丽之鸟，住东方极远处雪山上，鸟所至之地，幸福必随之。年年均有人往觅幸福鸟，然俱有去无回，以有长须老妖三人守之，略吹其须即性命难保也。

此地之人闻之，乃派聪明少年汪嘉往寻幸福鸟。汪嘉行多日，见一大雪山，有黑须老妖自山出，喝曰："汝是何人？来何为者？"汪嘉答："我名汪嘉，来寻幸福鸟。"老妖曰："欲得幸福鸟，须先杀死洛桑之母，否则吾将罚汝在乱石滩行三十三马站之路。"汪嘉曰："我爱我母，决不杀人之母。"妖即吹其长须，平坦大道立变乱石滩，石尖利如锋刃。汪嘉行其上，复匍伏前行，衣服、膝盖、臂膀俱磨破。

此路甫完，又遇黄须老妖。老妖曰："若欲寻得幸福鸟，先须毒死老汉思朗。"汪嘉曰："我爱我祖父，决不毒害他人祖父。"妖即吹其长须，令汪嘉干粮袋飞上天空，眼前青山绿水，立变无垠之沙漠。汪嘉忍饥耐渴，行沙漠中，终于走完三十三马站之路，已成皮包骨人。

又遇白须老妖，声如雷鸣，语汪嘉曰："欲见幸福鸟，须以白玛之眼予我作礼品，否则我当立抉汝目！"汪嘉曰："美丽姑娘之眼，怎能损害，我决不从汝所命。"老妖怒而怪叫，吹动长须，汪嘉双目顿从眼眶飞出，眼前一片黑暗。汪嘉乃就太阳光热所及，摸索东行，又经三十三马站，终至雪山之顶。

闻幸福鸟与之言曰："可爱之少年，汝来寻我乎？"汪嘉悲喜交集，答曰："是也，吾乡人日日思汝，请随我同往。"幸福鸟遂以翅抚汪嘉身，且歌而慰之。汪嘉眼立飞返眼眶，重见光明，体亦更壮。遂骑幸福鸟，同返家乡。幸福鸟立于山头，长鸣三声。第一声太阳从乌云钻出，暖风自天而下。第二声山上山下长出大片森林，山花烂漫开放，画眉与百灵率百鸟婉转歌鸣。第三声出现绿色河流与田地，小白兔欢跃于青草坪上。自兹之后，恶地之人再不受穷矣。①

"鸟所至之地，幸福必随之"，从"人皆冻馁而不知幸福之状"的恶地到"人们不再受穷"的幸福地转变的标志就是有无绿意盎然的田地河流，有无烂漫的鲜花，有无苍翠的树木，有无青青小草，有无自天而下的暖风，有无婉转歌唱的鸟儿……

三 "人在情境"中的系统思考

河源地区藏族人对神山圣湖的崇拜，成为人与自然和谐相处的重要途径。藏族人对每座山上的动植物，都不会轻易去捕杀或砍伐；对于湖中的鱼类也不去捕捞，而且从不往湖水中扔废弃杂物。藏族传统文化认为，所有人所饲养的家禽是可以被食用的，因为这些动物正是为了食用而饲养；所有的野生动物是不能被食用的，因为人类并没有在其身上付诸劳动，故而没有资格食用；野生动物在自然生态中自生自灭，是大自然的成员，与人类地位同等。自然界自有其维持生态平衡的法则，自然万物都是人类在自然生态系统中的亲密伙伴，每一个物种的消失，都会破坏生态链的平衡，一定会对人类的生存间接产生不利的影响，人与动物共存才是合理的现象。过去河源地区的人们一旦要捕杀猎物，则要在捕杀前举行祭祀山神的仪式，具体的做法是：首先要煨桑，然后拿上家畜的头颅，祈求山神赐予动物，因为动物是山神的家畜，举行仪式时，常常要以哭诉的方式进行："我要为汉家交税，要为藏家抵债，我吃着野果，我穿着角吾（皮袋）……"祈求山神赐予猎物，以改善自己的生活。

他们普遍认为湖泊、泉水中都住着龙神，此神非常洁净，在其领地严禁大小便，或者扔杂物；严禁直接用嘴去喝水，要用一支空管子吸水喝，

---

① 袁珂编著《中国民族神话词典》，四川省社会科学院出版社，1989，第61页。

喝水之前要说一些祈求龙神原谅的话。他们对森林植被、山川河流非常重视，藏族人认识到山石草木是人类生存环境中不可或缺的资源，而且告诫人们在利用这些资源的时候应当遵循其生长规律，不可肆意开采，要保护好土地及水资源，以免贻害后代子孙。从生态学的观点来看，土地是一种生命共同体，包括土壤以及土壤上生长的植物、动物和微生物，构成了完整的土地生态系统。河源地区藏族传统文化中对保护土地及水资源做了具体规定，并把大地拟人化为有血有肉的生命，以唤起人们保护大地的意识。因此，青藏高原河源文化是对"人在情境"中的系统思考。源远流长的河源文化蕴含着丰富的"生态智慧"，涵盖了诸如"天人合一、顺应自然"的生态平衡理念，"民胞物与、仁爱万物"的生态关联理念，"倡导节俭、少私寡欲"的生态代价理念等，这些生态智慧在思维方式、方法论及其样本启示意义上客观地构成了现代生态文明的营养基础。

第二节　动物崇拜

一　牦牛崇拜

牦牛享有"雪域之舟"的美称，在河源地区古代先民生活中扮演了非常重要的角色。牦牛又称"牦"，是藏语"Yag"的音译。藏文中对牦牛有两种不同的称谓，一种指野牦牛，一种指驯化后的家牦牛。从河源地区的地理环境来看，牦牛形体大粗壮，具有极强的耐寒、负重和吃苦能力，是随水草而迁徙的游牧民族最好的运输工具，也是藏民族力量的源泉和生命的动力。牛肉富含蛋白质，热量极高，牛乳也具有非常高的营养价值，牛毛编制的氆氇可以抵御严寒，因此，牦牛的全身都是高海拔地区民族不可或缺的生活资料。千百年来，正是由于牦牛对河源地区人们生活的重要性，人们把牦牛当作图腾加以崇拜。

从藏文史书、神话传说来看，牦牛以互相对立又互相联系的两种形象存在。一种是以白牦牛为主的神的形象，一种是以黑牦牛为主的魔的形象。

在古老的本教传说中，神祇鼓基芒盖从天上下凡到人间，就是变成了一头白色的牦牛。本教文献中，把这头白色的牦牛称为"世巴贝仲（雅）噶尔波"，"世巴"是宇宙或者世界之意，"贝"为神圣之意，"仲（雅）"

即为野（家）牦牛，"噶尔波"即白色之意。《旧唐书·吐蕃》记载，吐蕃王统中的第一个赞普聂赤赞普从天降至地上，做了"六牦牛部"的首领，以此表明这个氏族的起源与牦牛有着密切的文化联系。

相传雅隆部落第八代赞普止贡赞普，虽然具有平常人的形体，但实际上是拥有神通的神子。有一天其妃子在牧马处假寐，梦见雅拉香波山神化为一白人与之缱绻。醒来后，妃子发现枕藉处有一头白牦牛，但是转瞬即逝。妃子逾八月后，产下有如拳头大小的肉团，遂以衣缠裹之，置于热牦牛角中。数月后，从牦牛角中生出一幼婴，起名为"降格布·茹列吉"，藏文"茹列吉"意即"从角中出生的人"。在藏史文献中，茹列吉是耕稼和冶炼的发明者。

河源地区还流传着关于长江源头"治曲"（牦牛河）来源的故事：

> 远古时候，石渠、玉树一带的草原上，由于长久干旱，致使牧草干枯，牲畜死亡。牧民们向天神祈雨。天神不但不降雨，反而派一头神牛降临草原，命它把草原上的草都啃光，变成不毛之地。但是，神牛同情人们，从鼻孔中喷出两股清泉浇灌草原，滋润了牧草，援救了牲畜和人们，天神得知神牛违抗他的命令，非常生气，便把神牛变成石牛。神牛毫不屈服，虽变石牛，仍从鼻孔中喷出两股水流，与其它小河汇成浩浩长江的源头。藏族人民为了怀念神牛的恩惠，便称这条河作"治曲"，意为"（母）牦牛河"。[①]

与此同时，藏族把对牦牛的崇拜与对自然崇拜中的山神崇拜结合起来。如雅拉香波、冈底斯、念青唐古拉、阿尼玛卿、年保贡什则等著名的山神，其化身都是白牦牛形象。河源地区的嘛呢堆、拉则、传统建筑以及藏族家庭等到处可见悬挂和祭祀所用的牦牛头。

相对于神圣的白牦牛，黑牦牛多为恶魔的象征。在关于吐蕃末代赞普朗达玛（799~842年）的传说中这样记载：有兄弟三人在祈祷时只为自己而忘了推荐牛，牛知道此事后发誓来生要毁灭佛法，随即转生为朗达玛赞

---

① 马学良等主编《藏族文学史》上册，四川民族出版社，1994，第84、85页。

普，头上长两骨突，状如牛角。朗达玛，原名"达玛"，又叫"朗达日玛"，藏语"朗"就是"公牛"的意思。

朗达玛性格残暴，杀人不眨眼，为他理发的人无一生还。有一天，轮到一位家有 80 岁老母亲的孝子理发师要为朗达玛理发，理发师进宫后请求国王不要伤害他，因为家中有老母亲需要孝敬。国王说："只要你不将理发时看见的国王的秘密说出去，就可饶恕你的性命。"理发师立了誓言，说坚决不把理发时发现的秘密说出去，国王朗达玛才让他理发。

理发师惊奇地发现了这位国王头上长有牛角，虽然立誓不把这个秘密说出去，但是秘密被闷在肚里，越撑越大，气都透不过来了。只好向一位聪明人求教，聪明人说："你立誓不说出国王的秘密，可以用竹子做一支笛子，在别人听不到的荒山野林中把气吹出去，既不会违背誓言，肚子也不会胀了。"理发师按聪明人的指点做了支竹笛，到深山老林四下无人处一吹，笛子里吹出的声音"鲁都鲁都"，正好是藏语"牛角牛角"的意思，国王生角的秘密就暴露了。

二　羱羝崇拜

"羱羝"系一种生长在青藏高原的藏羊。藏羊之肉可食、皮可衣、毛可织、亦可载，与河源地区人们的生产生活息息相关，因此，也把"羱羝"作为神灵加以崇拜。《新唐书》《旧唐书》书载："事羱羝为大神""多信羱羝之神"。藏文史籍中也有关于"羱羝"崇拜的记述，《西藏民族政教史》载，"从祀羱羝为神，信巫觋而观之"，[①] 又《西藏王统记》记述：赤聂松赞之子仲宁得乌[②]，自达布地区娶得秦萨鲁杰为妃，产一生盲小王，名曰木龙衮巴扎。后王病癫……留其遗嘱于子云："宁布桑瓦为尔先祖父辈护佑之

① 法尊：《西藏民族政教史》，徐丽华主编《中国少数民族古籍集成》（汉文版）第 97 册，四川民族出版社，2002，第 15 页。

② 《新唐书》译为勃弄若。

神，当供祝之。从阿柴①地延致医者，开汝盲目，执掌邦政。"② 木龙衮巴扎得阿柴吐谷浑部落的医者为其开目，因能见积雪达日山上之羱羊奔走，而又号为"达日宁斯"。"达日宁斯"意即"看见虎山上之羊的王"，可见"羱羝/羱羊"具有驱灾消禳的作用，也拥有至高无上的神圣地位。藏族本教传说羱羝神拉哇泊钦是根据创始祖什叶曼钦波的意愿创造出来的，是为守护神所献的神羊，不能剪毛、不能屠宰，直到其老死。

关于"羱羝"如何来到青藏高原，神话传说中这样记载：

> 据说，文成公主进藏从长安出发时，带着白、黑、红、黄、蓝五种颜色的羊。当走到汉藏交界的甲曲河时，河水突然暴涨，冲走了羊群。文成公主见状，慌忙之间急喊道："我的黑、白绵羊回来!"最终，黑色、白色绵羊借公主呼唤的力量游过河来，而其他三种颜色的羊都被冲走了，从此世上只有黑、白两种颜色的羊。藏族人民为了安慰文成公主，编唱了流传广泛的歌：
>
> 　最初吉祥羊从哪里来？
> 　最初吉祥羊从汉地来。
> 　汉地的皇后情愿给，
> 　吐蕃大臣噶尔也请求。
> 　正当渡过甲曲大河时，
> 　三种颜色的羊儿被冲走。
> 　剩下的白羊可以染百色，
> 　可以做成小伙子的藏袍。
> 　剩下黑羊天然黑色不用染，
> 　可以缝制姑娘的衣衫。③

羱羝崇拜在近现代的河源地区藏族民俗中仍有一些反映。每逢举行重大的庆典仪式、婚礼或者欢度藏历新年时，藏族人民除了要准备"切

---

① 又译阿豺，即唐时之吐谷浑。
② （元）索南坚赞：《西藏王统记》，刘立千译注，西藏人民出版社，1985，第112页。
③ 马学良等主编《藏族文学史》上册，四川民族出版社，1994，第75、76页。

玛"① 之外，还要在家中摆放一个用酥油等物塑成的羊头，羊头或青面黑角，或白面黑角，羊眼多为黄色，额中央彩绘日、月、星、焰火等吉祥物，形象逼真有神。献"切玛"与羊头具有双重的象征含义。一是去年丰收的象征，二是来年收成的瑞兆。有些藏族民居的屋顶以及门框上，供放有羊的头颅骨（或单独只是羊角）和牦牛头颅骨（或角），并作为驱灾消禳的门神来膜拜。这种将羊视为驱灾消禳的神来膜拜的习俗显然也是藏族先民"羱羝"崇拜的遗存。

三　琼鸟崇拜

琼鸟是古代象雄本教文化中出现频率非常高的一种神鸟。"象雄"是个古老的象雄文词语，"象"是地方或者山沟的意思。"雄"是古代象雄"雄侠"部落的简称。② 两者合起来可以解释为雄侠（部落）的地方或者山沟，藏文为"琼隆"之意，即琼鸟或者琼部落的山沟。象雄③在吐蕃王朝崛起并被吞并之前，是青藏高原最大的一个部落联盟，与喜马拉雅接界，向西延伸到巴基斯坦和于阗，并将势力扩展至羌塘高原。关于象雄的疆域划分，最著名的是将象雄分为里象雄、中象雄、外象雄，或者是将象雄分为上象雄和下象雄。汉文史籍④中将"象雄"称为"羊同"，并将其分为大羊同和小羊同。关于"外象雄"的地域范围，有的本教史籍把黄河源头地区和澜沧江、长江、雅砻江上游都算作外象雄的范围。⑤

这种神鸟最早出现在古代的岩画中，象雄部落被后世统称为"琼"部落，认为就是这种神鸟的后裔，并且分为白琼、黑琼和花琼三支。琼部落及其东迁和传播文化的历史被记载在称作"琼绕"（即"琼史"）的专门文献中。琼鸟的名字以古印度的神鸟 Garuda 之含义出现在这些文献中，"Garuda"最早出现在印度婆罗门教的几个支派中，最后被佛教吸收，虽然神鸟扮演的角色不同，但是同时出现在婆罗门教、佛教和本教三个古老

---

① 是用隔板分开的精制斗形木盒，并在其中盛满炒麦粒和糌粑，插上青稞穗、红穗花和酥油花。

② 张云、石硕：《西藏通史（早期卷）》，中国藏学出版社，2016，第 356 页。

③ "象雄这个名词在象雄文中是琼之山沟或者地方的意思。"转引自才让太《再探古老的象雄文明》，《中国藏学》2005 年第 1 期。

④ 如在《通典》、《册府元龟》和《唐会要》等汉文史籍中。

⑤ 格勒等：《藏北牧民——西藏那曲地区社会历史调查》，中国藏学出版社，1993，第 9~11 页。

的文化传统中，不仅说明了三种文化之间密切的关联性，而且也表明这种有着共同起源的跨文化的神鸟在这三种文化传统中均具有重要的象征意义。

第三节　自然与神灵崇拜

身处河源地区的人们将与他们生活休戚与共的对象都视为神灵，神灵是自然的灵魂和生命，他们与自然界相依存。藏学家吴均认为藏族的自然神灵可分为龙神、年神、神灵三大体系。龙神也被称为鲁神，潜伏于地下、江河、湖海和泉水中，是水之神。他既能降雨解旱，又能给人类带来各种疾病。年神遍布于大地的山岩、树林和山谷中，是山之神。神灵是自然的灵魂和生命，他们与自然界相依存，人类如果触犯神灵将会受到惩罚。

一　龙神（Klu）

水之神，也被称为勒神。藏文典籍中记载的"勒"（龙），泛指一切地下的尤其是诸如蛇、鱼、蛙、蝌蚪等潜伏于地下、江河、湖海和泉水中的动物，以龙与鱼、龙与蛇居多。早期的龙神不但形象模糊，而且居住地也无确定性。霍夫曼在其著作中写道，这些龙的最初住所是河和湖，甚至是些井，它们在水底有家，守卫着财富和秘密，"有一本本教著作上说，龙住在一种奇怪的山尖上，在黑岩石上，它的峰像乌鸦的头一样，也住在像猪鼻子似的坟堆上，像卧牛的山上，也住在柏树桦树和云杉上，也住在双山、双石和双冰川上"。[①] 这是河源地区龙神信仰的早期阶段。

马克思说："分工只是从物质劳动和精神劳动分离的时候起才真正成为分工。"[②] 龙神的职能随着社会的发展而不断增加、变化。最初的龙神是疾病和灾难的象征，威胁着人类的生命。因为它是瘟疫、梅毒、天花、伤寒、麻风等人间424种疾病之源。而当其进入本教的神灵系统后，河源地区龙神

---

① 〔德〕霍夫曼：《西藏的宗教》，李有义译，见格勒、张汪华编《李有义与藏学研究——李有义教授九十诞辰纪念文集》，中国藏学出版社，2003，第460页。
② 《马克思恩格斯选集》第1卷，人民出版社，2012，第162页。

信仰已经成体系化发展，职能与分工得以进一步细化。按照管辖之领域被分为东—甲仁（嘉让）、南—吉尔仁（解让）、西—芒仁（莽让）、北—壮色仁（章赛让）、中—毒巴仁（得巴让）五类。就其本性而言，这五类龙神又分为善、恶、善恶兼有三种。嘉让是善的龙神，它可以保护人类，给人类带来幸福；莽让是恶的龙神，它可以给人间带来灾难祸害，诸如瘟疫、疾病、干旱，均为其所为；解让、章赛让、得巴让基本属于不好不坏、善恶兼有的龙神，它们可能给人类带来祸乱，也可能给人类带来幸福。

另有恰布等龙神主司下雨、降雪、打闪，若遇久旱不雨，当求它降雨。僧波等龙神主司各种龙病，若生癞子、疮疱、水痘等龙病，当求它免去灾病沉疴。也不能得罪、冒犯、触怒那些主司跌打摔伤、腿断骨折的汤哇等专司意外事端的龙神。却热等龙神主司人间饮食饥饿和战争冲突。人们吃不饱或发生战争，是因这些龙神不高兴。除了这些与人类的生活息息相关的职司外，也有主管精神领域的龙神，如嘎波、宁嘎等龙神就是让人们心存善良正直，不要生贪嗔、嫉妒之心的龙神。

敦煌古藏文文献中记述："至拉托托日年赞，在此王之前皆与神女和龙女婚配，自此王起，才与臣民通婚。"根据王统记记载，佛教是于拉托托日年赞时期传入吐蕃并传播开来的。又如，"于第二十九代赞王没卢年德若，娶龙族女为王后"。这些记述与早期甚至成体系化发展后的龙神的形象有明显区别。究其原因，主要在于龙神这一形体未定的神，在汉藏民族长期交往中，受到汉文化中龙神形象的影响。在汉语神话中，龙源于蛇，后成为神。《十洲记》载："方丈洲。在东海中心，西南东北岸正等，方丈方面各五千里，上专是群龙所聚，有金玉琉璃之宫，三天司命所治之处，……仙家数十万，耕田种芝草，课计顷亩，如种稻状。亦有玉石泉，上有九源丈人宫，主领天下水神，及龙蛇巨鲸，阴精水兽之辈。"[1] 祖洲、瀛洲、玄洲、炎洲、长洲、流洲、生洲、凤麟洲、聚窟洲、方丈洲为十洲，皆为神仙所居之地，群龙当在此中。《海内东经》载："雷泽中有雷神，龙身而人头，鼓其腹。"[2]

---

① （汉）东方朔：《十洲记》，上海古籍出版社，1990，第6页。
② 《山海经》，方韬译注，中华书局，2011，第283页。

《大荒北经》载：

> 大荒之中，有山名曰成都载天。有人珥两黄蛇，把两黄蛇，名曰夸父。后土生信，信生夸父。夸父不量力，欲追日景，逮之于禺谷。将饮河而不足也，将走大泽，未至，死于此。应龙已杀蚩尤，又杀夸父，乃去南方处之，故南方多雨。①

> 有人衣青衣，名曰黄帝女魃。蚩尤作兵伐黄帝，黄帝乃令应龙攻之冀州之野。应龙畜水，蚩尤请风伯雨师，纵大风雨。黄帝乃下天女曰魃，雨止，遂杀蚩尤。魃不得复上，所居不雨。叔均言之帝，后置之赤水之北。……应龙处南极，杀蚩尤之父与夸父，不得复上，故下数旱，旱而为应龙之状，乃得大雨。②

> 西北海之外，赤水之北，有章尾山。有神，人面蛇身而赤，身长千里，直目正乘，其瞑乃晦，其视乃明，不食，不寝，不息，风雨是谒。是烛九阴，是谓烛龙。③

《山海经》中所记述的"应龙"是一种有翼会飞的龙；"烛龙"人面蛇身，身长千里，以风雨为食，照亮极其黑暗之处。他们与河源文化中的龙神亦有许多相同之处：都是与水相关联的神灵。

河源地区关于"龙王"的传说记载如下：

传说一：

> 相传此地④原只一泉，有龙主之，供其旁藏民万家汲饮。居民汲水后，以石掩之，则不更溢。有活女鬼夜汲，不掩其石，以挑怒龙王。泉涌汛滥、淹没万家。已成大海，而水溢不止，势且淹灭南瞻部洲。⑤

---

① 《山海经》，方韬译注，中华书局，2011，第332页。
② 《山海经》，方韬译注，中华书局，2011，第334、335页。
③ 《山海经》，方韬译注，中华书局，2011，第338、339页。
④ 此地为青海湖。
⑤ 谢国安：《西藏的四大圣湖》，《康藏研究月刊》1948年第2期，第5页。

传说二：

据说很久以前，在朗加地方有个阿尼阿拉果的人，想把朗加村东
一条沟中的水引到村北干旱的托托洛合滩上灌溉农田，阿尼阿拉果带
领群众修水渠，费了很大的功夫，还是没能把水渠修通。后来他又带
领群众到村北的一条叫"塞格隆哇"的沟里去找水，这条沟里有一股
泉水可以利用，但由于沟里积沙很厚，泉水流不远就渗入地下，特别
是遇到旱天，泉水就根本无法利用。村民认为这是龙神在作怪，因为
龙神是专门管雨水的神灵。阿尼阿拉果就带领村中的童男童女，每年
六月去泉边给龙跳舞、唱歌，取悦龙神；保佑泉源不断，庄稼丰收，
时间久了，便演变为一种传统习俗。①

传说三：

明代，四川甘孜来的一位大喇嘛叫"唐春巴"，他派弟子青才智格
到朗加来传播佛法，在他离开朗加的时候，将一尊山神留在朗加作守
护神，还在村东北的赛格隆瓦泉眼附近划了个圈，要朗加人在那里修
座龙神庙，并说每年给龙神献舞，以后就不会干旱缺水了，朗加人就
依他的说法在那里修了龙神庙，并在每年夏季到泉边给龙王跳舞，祈
龙神赐给雨水。②

汉族神话中的"四海龙王"与天之旱涝更有关系，在许多地方的民间信仰
中，如遇久旱不雨，便请龙王降雨。"龙"象征着权威，故皇帝称"龙"，
后裔名为"龙子龙孙"，因而也有龙女与凡间男子结合的美丽传说。

关于龙与鱼、龙与蛇的亲缘关系，《淮南子·修务训》载："禹沐浴淫
雨，栉扶风，决江疏河。凿龙门，辟伊阙。"东汉高诱注曰："龙门本有水
门，鲔鱼游其中，上行，得上过者便为龙。故曰龙门。"闻一多在《神话与
诗·伏羲考》中提到：

龙图腾，不拘它局部的像马也好，像狗也好，或像鱼，像鸟，像

---

① 转引自索端智《从民间信仰层面透视高原藏族的生态伦理——以青海黄南藏区的田野研究
为例》，《青海民族研究》2007 年第 1 期，第 45 页。
② 转引自索端智《从民间信仰层面透视高原藏族的生态伦理——以青海黄南藏区的田野研究
为例》，《青海民族研究》2007 年第 1 期，第 46 页。

鹿都好，它的主干部分和基本形态即是蛇……金文龙字的偏旁皆从巳，而巳即蛇，可见龙的基调还是蛇。大概图腾未合并以前，所谓龙者只是一种大蛇。这种蛇的名字便叫作"龙"。……龙与蛇实在可分而又不可分。说是一种东西，它们的形状看来相差很远，说是两种，龙的基调还是蛇。①

由此可见，龙与鱼的亲缘关系主要体现在相似的生活环境上，龙与蛇的亲缘关系则主要体现在形态的相似性上。

季羡林先生曾言："不论谁向谁学习，中国印度两国人民的友谊和文化交流到现在总已有三千多年的历史了。……在文学方面，从公元 5 世纪到 7 世纪，中国文学中产生了一类特殊的作品——鬼神志怪的书籍。这些书里面的故事有很多是从佛经里抄来的。唐代（618～907 年）传奇小说盛极一时。在这一类的小说里，印度故事的影响也很显著，譬如里面常常出现的'龙王'和'龙女'就都起源于印度。"② 由此可知，河源地区有关"龙王""龙女"的传说与印度佛经故事的传入也有很大的关联性。"龙"梵语为"那伽"，在古印度婆罗门时期的传说中，《往世书》记载，龙蛇"那伽"是疾病魔女毗那达（Vinata）的姐姐卡德鲁（Kadru）的后代，居住在位于海底的沃焦石山（Patala），知晓许多神奇的法术，并能变化云雨。③《摩奴法典》记载，那伽等水族诸物同河源地区早期龙神一样，地位十分低下："植物、虫豸、鱼类、蛇、龟、家畜、野兽，是属于暗德的最低贱的等级。"④ 支撑大地的千首蛇王舍湿（Sesa）常被视为毗湿奴的化身之一，为所有那伽中力量最大最具智慧者。舍湿与九头巨蛇之王婆苏吉（Vāsuki）⑤被称为龙神之首领，即为"那伽王"。中国神话传说中共工有一个臣子名叫相繇，亦为九头巨蛇之形，常常把身体盘成一团，贪婪地占据着九座山里的食物。他所呕吐和停留过的地方，会变成气味辛辣苦涩的大沼泽，以致

---

① 闻一多：《神话与诗》，上海人民出版社，2006，第 20 页。
② 季羡林：《中印文化关系史论丛》，人民出版社，1957，序言。
③ 赵艳：《从那伽到中国龙：龙神神话叙事与图像的流变》，《云南民族大学学报》2019 年第 4 期，第 40 页。
④ 《摩奴法典》，（法）迭郎善、马香雪译，商务印书馆，2009，第 13 页。
⑤ 在天神与阿修罗搅乳海时用作绳索。

野兽都无法居住。①

佛教典籍记载"龙者，长身无足"，②古印度之"那伽"被佛教神话吸收为八部众之一后，其职能主要为护持佛法，共有八大龙王（Nāgarajak），被派驻在须弥山最底层的波陀罗（Bhadrapāla）和摩诃陀罗两个世界，守护宝藏。结合佛教东渐传入青藏高原的具体情况分析，龙王龙女神话传说大约于吐蕃兴盛时期得以传播。

二 年神（Gnyan）

年神是遍布于大地的山岩、沟谷、树林和山谷的神，主宰着风雨雷电的兴止、天时地利的顺逆、狩猎采集的丰歉、生物的兴衰增减、人们的生死安危以及瘟疫的传播与消除。根据属性不同，年神可以分为黑白两种，居于天的日、月、星、云、虹等被称为白年神，居于地的山、崖岩、林、海、水等被称为黑年神。

《敦煌本吐蕃历史文书》记载的雅拉香波山便是一尊"年神"：

> 前年早于去年，岗底斯雪山脚下，
> 麋鹿野马在游荡，游荡到香波山前。
> 如今再来观赏，在香波山"年神"跟前，
> 麋鹿、野马不要狂妄，
> 麋鹿、野马如果狂妄，岗底斯雪会把你吞没。③
> ……
> 在众多树木之中，以松树最为高大，在大江大河之中，以雅鲁藏布江碧水最为流长，而雅拉香波（神山）乃最高之神也。④

---

① "共工之臣名曰相繇，九首蛇身，自环，食于九山。其所欥所尼，即为源泽，不辛乃苦，百兽莫能处。禹湮洪水，杀相繇，其血腥臭，不可生谷，其地多水，不可居也。禹湮之，三仞三沮，乃以为池，群帝因是以为台。在昆仑之北。"引自《山海经·大荒北经》，方韬译注，中华书局，2011，第333页。

② （萧齐）伽跋陀罗译《善见昆婆沙律》卷17，《中华藏》第42册，中华书局，1990，第651页。

③ 《敦煌本吐蕃历史文书》，王尧、陈践译，民族出版社，1992，第163页。

④ 《敦煌本吐蕃历史文书》，王尧、陈践译，民族出版社，1992，第179页。

"年神的根基虽在空中和光明之处，但其主要的活动场所在高山峡谷中。……认为山神就是年，年是山神古老的称谓。"① 年神不仅在藏族民众心目中具有无比崇高的地位，而且与山神密不可分，许多情况下，年神与山神常常混为一谈。

河源地区举目四望，满眼都是大大小小、连绵不断的山峰，因此，山神崇拜是构成河源地区原始信仰与崇拜体系的基础。在藏族人民看来，山神是一个等级森严形态完备的体系，数量之多无法胜数，大山有大的山神，小山有小的山神。藏族的民间传统信仰认为，青藏高原有四大神山，分别是卫藏地区神山雅拉香波，北方羌塘神山念青唐古拉，南方神山库拉日杰，东方神山沃德巩甲。这四大山神与其他五座著名神山的山神组合在一起，组成山神体系的核心，称为"世界形成之九神"——沃德巩甲、雅拉香波、念青唐古拉、玛卿伯姆热（即阿尼玛卿山）、蛟卿顿日、冈巴拉杰、雪拉居保、觉沃月甲、西乌卡日。除此之外，由于管辖范围的区分，各个地区还有自己特定的山神。例如，河源地区果洛部崇拜的是山神年保页什则，西藏西部崇拜的是神山冈底斯，等等。

沃德巩甲神山传说如下：

从前有一个叫沃德巩甲的老人，为了使藏区百姓解除灾难，让他们过上安居乐业的日子，便派他的八个儿子去帮助他们，七个儿子去了藏北和康巴，老四被派到安多去。临别时，老人对老四说："儿呵，这次出远门，任重道远，一定要多多保重。千万记住对头上有辫子的人要有对慈父一般的感情；对背上有装饰品的人要有对慈母一般的感情；对与你同龄的年轻人要有对兄弟一般的感情。只有具备这三样，你才是世界上最有力量的人。只有得到安多人的信任和帮助，你的事业才会成功。"并相约在藏历马年父子在安多相会。拜别父亲后，小伙子日夜兼程，风餐露宿，翻过九十九座大山，涉过九十九条大河，穿过九十九个大草滩，风尘仆仆，来到了安多。安多地区由于妖魔作怪，连年受灾。夏日里洪水泛滥，山中猛兽出没无常，坏人伺机残害百姓。

① 格勒：《论藏族苯教的神》，见中国西南民族研究会《藏学学术讨论会论文集》，西藏人民出版社，1984，第354页。

妖魔所到之处，鬼哭神嚎，秃鹰低旋，尸骨遍地，惨不忍睹。小伙子牢记阿爸临行嘱托，尊老爱幼，团结民众，用他非凡的智慧和魄力，很快消灭了妖魔，降服了猛兽，惩办了坏人，从而使安多地区的老百姓过上了安定的日子。受到百姓的爱戴和拥护，被推举为安多首领。由于他的业绩感动了天神，还被天神封为护法神，授权由他掌管安多地区的山河沉浮和沧桑之变。

光阴荏苒，不觉已到了藏历马年，父子相会的时间。这一天，风和日暖，万里无云，当由一千五百名骑着降伏的各种猛兽，手持大刀、长矛的人身兽头的骑士组成的队伍，迎接沃德巩甲来到黄河源头时，安多各地百姓早已汇聚在宫殿四周迎候。见过大礼。沃德巩甲举目望去，一座九层白玉琼楼屹立在面前，水晶的墙壁，金银的屋顶，玉石的台阶，珊瑚的房脊，玛瑙的房梁，雕梁画栋，豪华无比。下得楼来，沃德巩甲父子依次就座，略事休息，即来到殿外与百姓相见，众百姓拿出新鲜的糌粑，刚打出来的酥油茶，刚出锅的羊肉、血肠、热气腾腾的煮蕨麻，香喷喷的青稞酒献给沃德巩甲父子。这时鼓声大作，歌声四起，小伙子和姑娘们跳起"玛多果卓"，歌手们唱起赞美的颂歌。人们尽情地跳，尽情地唱，也唱不完沃德巩甲父子的恩情。

《年保页什则神山传说》如下：

年轻的藏族猎人搭救了化身为小白蛇的山神年保页什则的独生儿子，后山神又求他消灭企图霸占年保页什则地方的恶魔。山神化身为白牦牛，恶魔化身为黑牦牛，二人相斗，猎人射死了恶魔。山神为了报答他的恩德，让其在三个女儿中挑一为妻，大女化身小金龙，二女儿化身金狮，猎人选中了化身白色花斑小蛇的三女儿。以后，猎人有了三个孙子：昂欠本、阿什羌本、班玛本。以此三人为基础，逐渐形成了上、中、下三果洛。至今，果洛人将年保页什则神山当作自己的祖先，备加供奉。

在这里，作为部落祖先的山神，具有了保护子孙后代的责任，因此，不再是凶神恶煞的模样了。

另外，在敦煌藏文文献的占卜类文献中，作为年神之一的女神也被多次提及。最著名的例证就是珠穆朗玛峰山神与念青唐古拉山神均为女山神。女神也是影响人和动物生命的最重要的神灵之一。《敦煌吐蕃历史文书考释》中记述：

> 他们有时会附身于通灵人，并能在揭示占卜隐晦意义时预言未来。他们甚至可以利用某些仪式而使死者还阳或者是使人返老还童。①

> 在他们自己感到心满意足时才会广施恩惠。为了博得他们的欢心，则必须使用适当的供品和祭品。否则，他们便把魔鬼和天灾降至那些忽视了尊崇他们的人中。②

三　"勒如钦姆"

"勒如钦姆"是河源地区的一个祭祀自然神灵的节日，因为其整个过程都以宗教祭祀为内容，由宗教祭祀活动演变为传统节日，因固定在每年农历六月中旬举行，也叫"周卦勒如"，意为"六月神会"或"六月歌舞会"。关于"勒"这个词有两种语义学解释，第一种解释认为是"龙"的意思，第二种解释为"歌和曲"，因此当地人对"勒如"的解释也有两种：一种解释为"祭祀龙神的仪式"，另一种解释是"为神献歌舞的会"。当地人将"勒如钦姆"（"勒如"）视作最隆重的节日和村落集体最为隆重的仪式，重视程度胜似年节，当地的一句谚语说："美味佳肴留待年节时享用，美饰华服要在'勒如'期间展示。"可以说人们非常重视这一周期性的祭神节日，为了办好这个集体仪式活动，各村都制定了严格的规章制度，规定村民必须参与仪式，在仪式期间不能下地麦收，不准外出经商等，停止一切生产活动。每到这个时节，隆务河谷村村桑烟袅袅、人人美饰华服，锣鼓声、海螺声、吆吼声响彻河谷，美食、美味、歌舞尽献神灵，狂热、欢腾，娱神娱人，人们集体地沉浸在人与自然交流的仪式中。

---

① 〔法〕A.麦克唐纳：《敦煌吐蕃历史文书考释》，耿升译，青海人民出版社，1992，第136页。
② 〔法〕A.麦克唐纳：《敦煌吐蕃历史文书考释》，耿升译，青海人民出版社，1992，第137页。

关于"勒如"仪式形象化的诠释认为，众自然神灵一年中在各自的领地上巡游，司职守护一方水土，没有时间相聚，而只有在每年的"勒如"期间各方神灵齐聚叙怀，享受人们为它们准备的歌舞饮宴。从仪式展演看，先是清洁环境，再请神降临，再把最新鲜、最美味、最华丽的东西奉献给众神，献上各种舞蹈，之后再宴请邻里众神做客本村，举行盛宴，等等。仪式中所献供的都是神最喜欢的，如最喜欢的舞蹈、最喜欢的情歌、最喜欢的美味食品等，当神得到应有的酬劳欢欢喜喜离去的时候，人们为新的人神关系而欢喜，当地人解释仪式目的时常用的一句话是"拉嘎那！尼嘎！"意思是说，神喜欢、高兴，乘兴而归的时候，人与自然也就无忧了！这也是人与自然关系的最高境界。整个河源地区隆务河流域举行"勒如"仪式的时间固定在农历六月十四日至二十五日，每个村的时间不完全相同，互相重叠交错，每村 3~5 天，每村"勒如"时间中有一天是最为隆重的祭祀日（见表 5-1）。

表 5-1　隆务河各村落的固定的仪式时间

村名	仪式时间	"勒如钦姆"（最隆重的祭祀日）
四合吉	十七日至十九日	六月十九日
苏乎日	二十日至二十五日	六月二十五日
朗加	二十日至二十四日	六月二十二日
铁吾	十九日至二十三日	六月二十一日
脱加	二十日至二十四日	六月二十四日
吾屯	二十日至二十五日	六月二十三日
郭麻日	十九日至二十三日	六月二十三日
尕沙日	十八日至二十四日	六月二十四日
年都乎	二十一日至二十四日	六月二十四日
霍日加	十八日至二十三日	六月二十二日

资料来源：笔者自制。

四　祭祀仪式

祭祀作为一种重要的仪式，兴盛于夏商之际，具有独特而丰富的文化内涵。《说文解字》中载，"祭：祭祀也。从示，以手持肉"。[1] 解释为用手拿肉

---

[1] 《说文解字》，汤可敬译注，中华书局，2018，第 15 页。

供奉于神前。"祀：祭无已也。从示，已声。"① 解释为祭祀不停止。"祭"与"祀"均从"示"，"示，天垂象，见吉凶，所以示人也。从二；三垂，日、月、星也。观乎天文，以察时变。示，神事也。凡示之属皆从示"。② 示，甲骨文作"T"，上天垂下天文图像，象祖先神主之形，后来泛指一切神祇，大凡示的部属都从示。"祭祀"一词的英文为 sacrifice，解释为 offer sacrifices to gods or ancestors。sacrifice 具有"牺牲、献祭"之意。泰勒在《原始文化》中认为，在万物有灵论的基础上，"献祭"是原始人类为了讨好超自然而献上的礼物。费尔巴哈则认为献祭是为了赎罪，"宗教的本质集中表现在献祭之中。献祭的根源就是依赖感——恐惧、怀疑、对后果对未来的无把握，以及对于所犯罪行的良心上的咎责。而献祭的结果，目的则是自我感——自信、满意、对后果的有把握、自由和幸福"。③ 献祭的根源是将自然"看成一个任意作为的，人格的实体这一想法"。因此人们在占有自然、享受自然中的一切事物时，就有一种负罪感，需要献上所窃取的物品的一部分，安慰受损的自然，解释自己的行为是出于不得已。藏语中"祭祀"一词包含"敬神""祷祭""求福"等几种基本含义，其核心字是"却"，即供奉。一是作为名词，指供品、祭物；二是作为动词，指敬献供品以求欢心。④ 祭祀是河源地区藏族人生活的一个重要部分，是一种生活方式。祭祀对象与人们的生活息息相关，人们通过祭祀祈求生活平安幸福、兴旺发达。

1. 祭祀龙神

藏族对龙神的祭祀早期比较简单，就是将龙神喜欢的芝麻、芥子、糌粑、牛羊肉等食物抛于河、湖、泉水之中。后来随着时间的推延，仪式也日益复杂。龙神信仰体系化后，给龙神的供品种类增加了不少，同时将供品命名为龙药，蛇皮、海藻、竹叶、红线、藏红花等都属于龙药，同时还伴有一套复杂的祭祀龙神的仪式。不仅如此，本教经典记述"冬月北斗星升起的十五日是龙入睡之时"，"夏三月中，第一个月的十五日是龙苏醒之

---

① 《说文解字》，汤可敬译注，中华书局，2018，第 16 页。
② 《说文解字》，汤可敬译注，中华书局，2018，第 7 页。
③ 〔德〕费尔巴哈：《宗教的本质》，王太庆译，商务印书馆，2003，第 78 页。
④ 张怡荪主编《藏汉大辞典》上、下，民族出版社，2000，第 856 页。

时，也是去供养龙神的最好时光"。[①] 人们会选择龙神苏醒之时举行祭祀仪式，以便其祭祀功能得以实现。

2. 祭祀"拉则"

河源地区的很多地方都可见"拉则"，"拉则"藏语意为"山尖"，蒙古语称其为"俄博"。主要有石块垒积而成和用嘛呢箭杆穿插而成的两种不同形式的"拉则"，但拉则的上面都以象征着吉祥祛邪的经幡、三色或五色彩线以及哈达、白羊毛等物加以装饰。与"拉则"有关的祭祀活动统称为祭祀"拉则"或祭祀"俄博"。

祭祀"拉则"的活动主要有三种。一是煨桑。每到藏历的二月二十一日都要举行敬山神的煨桑仪式，以祈求神灵保佑农牧业来年丰收。先用柏树枝和花椒树枝叶扎成束状，下端呈三叉形置于地上，再用四大捆柏树和松树的枝叶围满四周，便形成了桑堆。桑堆的两旁各置有 25 个青稞面团，面团之侧置放 25 个青稞面制作的、盛满蜂蜜的大盘。这两种祭品都要放成五行一列。桑堆正面前则放五碗青稞面和五束用五色彩线束好的柏树枝，这些柏枝束必须要放成一排。准备妥当后，巫师（后期祭祀山神也有的是藏传佛教喇嘛主持）开始念诵经咒，诵完经咒后，便由巫师用火点燃桑堆上的松柏枝叶。然后祭祀的人们按照先投青稞面团，继之为小柏树枝束，再次之为青稞酒，最后是蜂糖蜜盘的顺序将供品由上而下、从左到右，一件一件地投入到正在燃烧的桑堆之中。

二是插箭。安多藏区在每年的六七月间有插箭祭山神的传统习俗。节日的一早，人们到达山顶，在事先挖好的土坑里放上粮食、茶叶、柏香、绸缎等物，然后将第一支挂满了哈达和红、黄、蓝、白、绿五种色布制成的经幡，长约十几米的箭竖立起来，是山神所用的箭。围绕此箭再插上无数支用经幡和沟通人与天的白羊毛绳捆绑起来箭杆，有短有长，有大有小，被称为嘛呢箭杆。人们说山神需要用箭或者武器来守卫土地，因此，有些拉则中还插有真的刀、矛、弓、箭等武器。放箭杆的仪式完毕后，人们在拉则下举行赛马、摔跤、拔河、唱歌、跳舞等一系列庆典活动，甚至在拉则下信誓明志，商量决定部落的大事等。

三是放风马。"风马"藏语称为"朗达"，也被译为"祭马"或"禄

---

① 转引自谢热《古代藏族的龙信仰文化》，《青海社会科学》1999 年第 3 期，第 101 页。

马"等，按照制作材质，被分为纸质风马和布质经幡风马。纸质风马一般为四五寸见方的白纸或者为蓝、红、绿、黄等五色纸制成，布质经幡风马除印有风马图案外，还印有各类经文和咒语。风马图案中间是驮有宝瓶等奔走的马，多数为"凯达"，意为一匹马，也有"久达"，意为十匹马。马在藏族文化中占有重要地位，F. W. 托马斯辑录的写卷曾提及马的世系："马的父亲叫嘎达耶瓦，母亲叫桑达巧玛，在达萨隆章，的恰莫绒，生出了儿子。"① 甚至把马看作天地所生之子："父亲天空雷声隆隆，母亲大地闪电弯弯，儿子骏马是雪山的精华。"② 风马图案的四角分别是：右上为龙，右下为虎，左上为鹏，左下为狮。风马中的动物凝结了藏族悠久的传统文化，蕴含着丰富的文化内涵，研究者认为这些动物与藏族神话传说、氏族图腾、汉地阴阳五行等有着密切的关系。第一种观点认为风马中的龙、虎、鹏、狮四兽是四战神。一是"S. G. Karmay 公布的一份本教文献，其中涉及风马动物的起源，文献明确地指明作为四古部族战神的四种动物是铜鬃玉龙、弯喙铁爪大鹏、利角神牦牛和朱砂斑金虎"。③ 四兽被认为是藏族最早六部落中东、扎、茹、噶四氏族的战神，其中牦牛后来被狮子所取代。二是风马中的这四种动物位列格萨尔的十三战神之中，"《世界公桑》中列出的十三战神，称雄狮大王十三护身战神分别是大鹏、玉龙、白狮、虎、白嘴野马、青狼、岩雕、白胸黄熊、鹞鹰、鹿、白肚人熊、黄色金蛇、双鱼"。④ 第二种观点认为风马与人的生命和威望密切相关，五种动物分别代表着组成人类生命的五个部分。马象征着灵魂，鹏（鹰）象征着生命力，虎象征着身体，狮象征着意志，龙象征着声音。所见仪轨书记录了五兽之象征："愿百鸟之王雄鹰能降服三界，/保佑我的性命不受死亡之主威胁。/当它接近我时，能使我的性命变得如同天性……/愿任何人都不敢与之较量的黑斑红色虎，/保佑我的身体不受疾病。/使它就如同如愿以偿的树之长生……愿声音之王——携带霹雳的绿玉色龙，/保佑我的繁荣不遭任何邪恶的仇

① F. W. Thomas, *Ancient Folk-literutare from North-easterm Tibet*, Akademie Verlag, 1957, p. 35.
② 〔挪威〕帕·克瓦尔内（Per Kvaerne）：《西藏本教徒的丧葬仪式》，褚俊杰译，见《国外藏学研究译文集》第 3 辑，西藏人民出版社，1987，第 146 页。
③ 谢继胜：《战神杂考——据格萨尔史诗和战神祀文对战神、威尔玛、十三战神和风马的研究》，《中国藏学》1991 年第 4 期，第 44 页。
④ 〔挪威〕帕·克瓦尔内（Per Kvaerne）：《西藏本教徒的丧葬仪式》，褚俊杰译，　编《国外藏学译文集》第 3 辑，　出版社，　，第 151 页。

视。/愿举世无双的长绿玉色尾的白狮子，/排除我在行动和心愿上的障碍，/使我们吉祥命运如同雪山一样洁白……/愿以魔法行云般速度奔驰的宝驹，不要使我灵魂的荣誉被有害的风驱散。/使其精华如同雨云一般丰富。"① 第三种观点认为风马是以汉地的五行观念来布局，风马中的五种动物象征着五行中金、木、水、火、土五种元素，其中的四兽是青龙、朱雀、白虎、玄武的变体。"风马作为灵魂的标志，象征着生命的本原，与太极图寓含的阴阳万物之始的观念在本质上是统一的。"②

桑烟升腾时，放飞风马，伴以祝词：

> 今日风马升起来，
> 袅袅升向空中。
> 没有升起的风马，
> 请连连升起。
> 天地满是吉祥，
> 风马哟，
> 愿你都升入高空。

① 〔英〕桑木丹·噶尔美：《"黑头矮人"出世》，耿升译，王尧主编《国外藏学研究译文集》第 5 辑，西藏人民出版社，1989，第 247、248 页。
② 谢继胜：《战神杂考——据格萨尔史诗和战神祀文对战神、威尔玛、十三战神和风马的研究》，《中国藏学》1991 年第 4 期，第 45 页。

第六章

青藏高原河源文化的核心价值内涵与生态文明建设

第一节　现代生态危机与生态文化

"天地与我并生，而万物与我为一"，人与自然是生命共同体。习近平总书记曾深刻地指出，"当人类合理利用、友好保护自然时，自然的回报常常是慷慨的；当人类无序开发、粗暴掠夺自然时，自然的惩罚必然是无情的。人类对大自然的伤害最终会伤及人类自身，这是无法抗拒的规律"。①

一　现代生态危机与生存险境

17世纪法国思想家帕斯卡尔（Blaise Pascal）曾说，"人不过是一根会思考的芦苇，是自然界中最脆弱的东西"，② 意指微小的自然力就可以置人于死地，因而人类的生存危机绝非危言耸听，由生态危机所引发的人类生存危机是深刻的、根本的。生态危机实质上是指生态系统的一种失衡状态。一般来讲，生态系统的失衡是相对的、变动的，失衡的生态系统可以在一定时间内经由系统的内在调节重新达到平衡状态。然而，进入20世纪中叶以来，人类的生活受到生态问题或者环境问题的巨大影响，生态问题引起人们普遍关注，生态危机所表达的是人类对自我生存的强烈忧患，揭示的是一场生态灾难。

这场生态灾难明显带有全球性的特征，其整体性和全面性不仅从地域空间的角度而言，从生态系统内部的构成要素来看，几乎所有的物种都深受其害。英国生态学和水文学研究中心的杰里米·托马斯带领的科研团队在《科学》杂志上发表的英国野生动物调查报告称，在过去40年中，英国本土的鸟类种类减少了54%，本土的野生植物种类减少了28%，而本土蝴蝶的种类更是惊人地减少了71%。众所周知，昆虫作为生态平衡的关键"连接点"，是构成生态系统的重要基石，它们传播花粉、分解垃圾，连接着动植物以及微生物。地球上约550万种昆虫，占动物界种类的2/3，其中只有1/5被确定并命名，《世界自然保护联盟濒危红色物种名录》仅评估了已知百万种昆虫中的8400种。然而，这个所有陆地生态系统的基石，正在

① 《习近平谈治国理政》第3卷，外文出版社，2020，第360~361页。
② 〔法〕帕斯卡尔：《帕斯卡尔思想录》，何兆武译，天津人民出版社，2007，第18页。

走向灭绝，威胁着"自然生态系统的灾难性崩溃"。德国科学家曾对德国63个保护区内的昆虫进行了长达27年的跟踪研究，通过测算所有飞行昆虫的重量，来衡量"飞行昆虫生物量"，在这段时间里，他们收集的超过53.5公斤的飞行昆虫总数下降了75%。爱因斯坦曾说，如果蜜蜂从地球上消失，那人类只能再活4年。85%的被子植物（显花植物）需要由以花粉和花蜜为食的蜜蜂、蝇类、蝴蝶类等昆虫授粉。科学分析表明，全球目前有超过40%的昆虫种类正在减少，1/3的昆虫濒临灭绝。其灭绝的速度是哺乳动物、鸟类和爬行动物灭绝速度的8倍，它们可能在一个世纪内全部灭绝。同时，昆虫数量的减少势必也会影响到以它为食的鸟类及哺乳动物的生存，这将进一步打破生态系统物种之间的平衡关系。

研究发现，当前导致昆虫种群减少和灭绝的主要原因，一是栖息地的减少与退化。人类的过度开垦以及对于环境的破坏，使昆虫没有足够的食物维持生存，不得不进行迁移。二是农药及化肥的使用。药物的使用提高了昆虫变异的概率，同时导致昆虫的身体也会更加脆弱。一旦昆虫体内的寄生虫和疾病暴发，对整个昆虫种群而言将是灭绝性的灾难。三是气候的变化。虽然有些科学家并不认同这个原因，但是热带地区的昆虫可能对温度变化的耐受性更差，全球气候变暖导致其种群减少和数量下降还是完全有可能的。也就是说，生态系统正处在生物多样性锐减的状态。

另外，生态危机还具有持续性和不可逆转性的特征。目前，生态危机已经造成了生物遗传隐患，物种的畸变趋势十分明显，对物种进化产生重大的负面影响。生态危机在很多方面已经超出了生态系统自净能力的阈值，生态系统难以恢复到平衡状态。人类作为地球生态系统的构成要素，生态系统中发生的这一切都会对人类产生持久而广泛的影响，生态危机所造成的人类生存困境已经是人类的现实处境。

二　人与自然关系的三个阶段

恩格斯在《自然辩证法》中讲到宇宙生成时连续用了两个"不知道"。他说，"有一点是肯定的：曾经有一个时期，我们的宇宙岛的物质把如此大量的运动——究竟是何种运动，我们到现在还不知道——转化成了热，以致（依据梅特勒的说法）从中可能产生了至少包括2000万颗星的诸太阳系……"又说"关于我们的太阳系的将来的遗骸是否总是重新变为新的太阳系的原料，我们和赛奇神父一样，一无所知"。① 实际上，宇宙到底是如何生成的，现在我们也不完全知道，目前有关宇宙生成的"星云说""粒子说""大爆炸说"等都只是假说。在谈到人类对自然的支配时，恩格斯又讲了一段非常著名的话，"但是我们不要过分陶醉于我们对自然界的胜利。对于每一次这样的胜利，自然界都对我们进行报复"。②

人与自然的关系是人类社会发展中所面对的永恒的问题。在人类历史发展进程中，人与自然关系的发展已经历了三个阶段——依存、开发和掠夺。在各个不同的阶段，社会发展程度不同，人们对自然的认识不同，因而在处理与自然的关系时也采取了不同的态度。在生产力发展水平极低的原始社会，人类一方面直接或通过简单的生产工具从大自然获得所需的一切，另一方面又要承受自然界给人类生存带来的各种威胁。在这一时期，人类是受制于自然的，只能被动地适应自然、依存于自然。随着生产力水平的提高，青铜器、铁器的使用及至农业、畜牧业出现后，人类开始开发利用自然资源，改变自然，使得人与自然的关系进入了开发阶段。在这一时期，由于人类开发利用自然的能力有限，人类对自然的利用尚在大自然的自我调节能力之内，所以并未对自然造成较大的破坏。因而在农业的原始时期，大自然依靠自身的繁衍尚能维持自然界的平衡，人们也就很少遇到生态问题。

随着对自然界认识的加深，人类的自信心得到了充分的张扬，这种自信驱使他们去"征服自然""统治自然"，毫无节制地向大自然索取、掠夺，于是，人与自然的关系进入了第三个时期——掠夺时期。在这一时期，人类对自然采取的是一种异常狭隘的功利态度。蕾切尔·卡逊在《寂静的春天》的扉页上曾引用了 E. B. 怀特的一句话："我们对待自然的办法是打击它，使它屈服。"实际上，人类确实是这么做的。

三　生态危机实为文化之危机

美国环境伦理学家默迪曾言："一个人类的存在既是一个等级系统（由诸如器官、细胞、各种酶等子系统构成），又是一个超个体的等级系统（人

---

① 〔德〕恩格斯：《自然辩证法》，人民出版社，2018，第 25 页。
② 〔德〕恩格斯：《自然辩证法》，人民出版社，2018，第 313 页。

口、物种、生态系统、文化系统等）的组成部分。因此人只是一个多层系统组合中的一套组合。"① 面对臭氧层空洞、生物多样性丧失、温室效应、森林草场退化等一系列生态危机，人文科学领域在反思人与自然的关系及在人与自然关系相统一的基础上将生态危机归结为人类文化之危机。

美国哲学家诺顿（Bryan G. Norton）在《为什么要保护自然界的变动性》《环境伦理学与弱式人类中心主义》等文中表达了"生态危机实质上表现为人类文化观念的失误，人类文化的历史性展开实际上是人类中心主义②的延续"的观点。③ 拉兹洛（E. Laszlo）认为，文化是我们时代的一个决定性力量，许多冲突表面上看来是政治性的，实际上包含着根深蒂固的文化根源。就人对自然的破坏而言，在它背后就是由一种文化支撑着，这就是西方的主流文化所坚持的，人是为了自身的目的才征服并控制自然。④ 国内学者余谋昌在《生态文化的理论阐释》中指出，环境污染本身就是一种落后的文化现象。

第二节　生态伦理思想与生态文明

一　交叉路口上的人类：走向人与自然和谐共生之路

马克思在《资本论》中讲道"资本主义生产的目的是榨取剩余价值，也就是使预付资本得到增殖"，卡逊在《寂静的春天》中对此做了生动的阐释：

工业时代产生的化学品已经像狂潮一样吞噬着我们的环境，严重的公共健康问题也发生着巨大的变化。……今天，我们担心的是潜藏于

---

① 〔美〕W. H. 默迪：《一种现代的人类中心主义》，章建刚译，《哲学译丛》1999 年第 2 期，第 13 页。

② 人类中心主义曾在宇宙论、目的论、价值论三种意义上被使用，即人是宇宙的中心，人是宇宙中一切事物的目的，按照人类的价值观解释或评价宇宙间的所有事物。参见冯契主编《哲学大辞典》，上海辞书出版社，2007，第 915 页。

③ Bryan G. Norton, *Environmental Ethics and Weak An-thropocentric*, Environmental Ethics, 1984, p. 56.

④ 〔美〕E. 拉兹洛：《决定命运的选择》，李吟波等译，三联书店，1997，第 74~77 页。

环境之中的另外一种危害，这种危害是随着现代生活方式的进化，由我们自己引入人类世界的。①

卡逊揭示出造成"寂静的春天"的原因是"死神的药剂"——现代农药的大量使用，其背后的主要原因是资本主义工业统治追求利益最大化。②《寂静的春天》充分暴露出生态环境问题的严重性并对人类发出了严厉的警告，"我们现在正站在两条路的交叉口上。……我们长期以来一直行驶的那条路看起来是舒适、平坦的高速公路，我们可以加速前进，但路的尽头却有灾难在等着我们。另一条我们很少走的岔路为我们提供了保护地球的最后一个机会"。③ 卡逊所言"舒适、平坦的高速公路"正是指工业文明时代人类污染生态环境自己危害自己的道路，而另一条"人类很少走的岔路"则是人与自然和谐共生之路。

二　"人类纪"与生态文明新时代

从地质学角度而言，地球的演变是历史性的，地质学家用侏罗纪、白垩纪等概念加以表述。许多科学家认为，当前地球已经进入新的"人类纪"历史时期：

> 先前人们一直认为我们生活的这个地质时期应称为"全新世"，这个地质时期是约一万年前最近一个冰川期结束后来临的。然而，越来越多的科学家们已开始逐渐接受这样一套理论：地球已经进入它的另一个发展时期——"人类纪"，在这一时期人类对环境的影响并不亚于大自然本身。
>
> 在目前进行的斯德哥尔摩"欧洲科学"国际科学论坛上，诺贝尔奖得主鲍尔·克鲁岑（Paul Crutzen）指出，人类正在快速地改变着所居住星球的物理、化学和生物特征，他们最为显著的"成就"就是导致气候变化。

---

① 〔美〕蕾切尔·卡逊：《寂静的春天》，许亮译，北京理工大学出版社，2015，第144页。
② 〔美〕蕾切尔·卡逊：《寂静的春天》，许亮译，北京理工大学出版社，2015，第144页。
③ 〔美〕蕾切尔·卡逊：《寂静的春天》，许亮译，北京理工大学出版社，2015，第213页。

同时，地壳与生物圈研究国际计划领导人威尔·史蒂芬认为，"人类纪"与人类社会发展初期平静的环境有着巨大的区别——未来我们面临的将是巨大的环境动荡。

通过计算机"地球系统"模拟实验，科学家们向人类揭示了保护我们的星球免受灾难性变动的重要意义。根据计算机模拟实验随着全球变暖的趋势进一步加剧，亚马逊森林将消失，同时撒哈拉将变得更湿润和苍翠，而这一变化将加剧亚马逊的灾难。也就是说，在可以预见的未来，亚马逊和撒哈拉可能会出现角色互换。

另外，科学家们还严密关注着北大西洋环流、南极西部的冰川、亚洲季风等因地球环境变化而可能给人们带来的恶果。来自丹麦的海洋学研究教授凯瑟琳·理查德森指出，海洋中目前所含的碳酸气要比空气中的高出50%。海洋酸化也将导致海洋植物和动物群系的匮乏乃至灭绝，这也会加速全球变暖态势。[1]

"人类纪"的到来意味着：人类需要反思与改变自己的行为方式，否则将走向毁灭。同时，20世纪60年代以后，人类开始进入后工业时代，有人将其概括为生态文明时代。1968年，意大利人奥雷里奥·贝切伊（Aurelio Peccei）在其国际工程和经济顾问公司事业发展如日中天时功成身退，把目光集中于人类生存困境问题，在贝切伊的倡议下，来自意大利、瑞士、日本、联邦德国、英国等10个国家的，包括科学家、教育家、经济学家和企业家在内的30多位专家，在意大利林赛科学院召开首次讨论当前和未来的困境、人类困境问题国际性会议，并在此会议基础上成立罗马俱乐部[2]。罗马俱乐部委托美国麻省理工学院四位年轻科学家写一个有关人类社会经济发展的科学报告——《增长的极限》，这本书于1972年问世，它以科学雄辩的数据与推理论述了增长的极限，第一次向人类展示了在一个有限的地球上无限制地增长所带来的严重后果，震惊了全球，"人类已经超出了地球环境的承载能力，但人类有足够的时间，甚至在全球范围内，进行反思，做出选择，

---

① 《中国环境报》2004年8月31日。
② 罗马俱乐部是一个国际性的、非政府性的、非意识形态的、不为任何国家或政党利益服务的、跨文化的国际学术研究的民间团体。

并采取行动进行矫正"。① 也正是在这一年,《联合国人类环境会议宣言》获得通过,生态问题已成为全球问题。

三　生态伦理思想:生态文明的理论基础及精神动力

英国著名历史学家汤因比倡导生物环链理论,他说人类对自然环境的破坏是犯了"弑母"之罪。卡逊则说:"为了解决人类与其他生物共享地球家园的问题,我们提出了众多新的、富于想象力和创造力的方法。这些方法体现出一个永恒不变的主题:我们要意识到自己面对的是各种生命,是它们的族群、它们的压力与反压力以及它们的繁荣与衰败。只有充分考虑这种生命的力量,谨慎地指引它们向对我们有利的方向发展,我们与昆虫之间才能形成一种合理的平衡。……'控制自然'是一个妄自尊大的词汇,形成于生物学和哲学的初始阶段,当时人们以为自然是为人类而存在的。"②

生态伦理是第一次以处理人与自然环境的关系为中心构建的概念。生态伦理学的目标是要突破伦理学的人类中心论倾向,把道德共同体的范围扩展到非人类的生命,乃至非生命存在物,包括整个系统和自然。和许多其他的知识体系和学科比较起来,生态伦理学的性质和主旨最鲜明的品格就是实践性和信仰性,它不是出自理论虚构的知识体系,而是由严重的实践问题和危机逼出来的一种学说,它在承接现实需要的基础上,对人的存在及其意义做了体现时代精神的重新诠释:人类永远需要自然界的庇护,人与自然之间是具有高度相关性的"命运共同体"。人类不可能脱离大自然整体演进变迁的规律,即人与自然不可分割,必须把自己的行为置于对自然的必要义务之上,参与人与自然共同进化的历程,实现自然界与人类社会之间的永久和谐,这是人类需要建立的一种真正生命意义上的伦理观念和道德准则。生态伦理最终的旨趣指向的是行动和实践,即改造世界。但改造世界的主要方向不是改造和征服外界、使自然界适应于人类,而是改造人类自身的内心世界和行为、生活方式,使人类适应于自然界、与之保持和谐。这恰恰是生态文明建设所需的最深层的精神动力。

---

① 〔美〕德内拉·梅多斯等:《增长的极限》,李涛、王智勇译,机械工业出版社,2006,第4页。

② 〔美〕蕾切尔·卡逊:《寂静的春天》,许亮译,北京理工大学出版社,2015,第228~229页。

第三节 青藏高原河源文化的核心价值
内涵就是生态文化

一 "文化"之定义与文化学理论

"文"字在殷墟甲骨文中，形似站立着的人。"文"与"化"的并联使用，较早见于战国末年儒生编撰的《周易》，其中《贲卦》载："刚柔交错，天文也。文明以止，人文也。观乎天文，以察时变；观乎人文，以化成天下。"① 观天文可知四时之变，观文明气象和文饰之道可知文教具有化育人心的作用。汉代刘向《说苑·指武》载："圣人之治天下也，先文德而后武力。凡武之兴，为不服也，文化不改，然后加诛。"② "文化"即为文治教化之意。《文选》载晋人束皙《补亡诗·由仪》曰："文化内辑，武功外悠。"③ 可见"以文教化"是中国传统"文化"之本义，与武力相对。

作为译词的"文化"是借用了日文译词，其原型是拉丁文"cultura"，意指"耕作"，英文写作"culture"，德文写作"Kultur"。19 世纪将该词引申为"文字、科学和美术的修养"，④ 并作为专门术语出现在人类学家的著作中。1871 年，英国文化人类学家泰勒（E. B. Tylor）在《原始文化》（*Primitive Culture*）中从广义的角度给"文化"下过一个定义：

> 从广义的人种论的意义上说，文化或文明是一个复杂的整体（a complex whole），包括智识、信仰、艺术、道德、法律、风俗以及人类在社会里所具有的其它一切能力（capabilites）和习惯（habits）。人类各种社会之间文化的条件是研究人类思维和行为规律的课题。⑤

泰勒关于文化的定义，被认为是西方学术界最早的"经典性"的定义，并影响了其后许多的人类学家和民族学家，但是泰勒的定义侧重精神的文化

---

① 《周易》，杨天才、张善文译注，中华书局，2011，第 207 页。
② （汉）刘向：《说苑》下册，王天海、杨秀岚译注，中华书局，2019，第 792 页。
③ （南朝梁）萧统：《文选》，张启成、徐达等译注，中华书局，2019，第 345 页。
④ 〔法〕维克多·埃尔：《文化概念》，康新文、晓文译，人民出版社，1988，第 3 页。
⑤ 〔英〕泰勒：《原始文化》，蔡江浓编译，浙江人民出版社，1988，第 1 页。

而忽视物质的文化。1908年，德国学者穆勒（T. Muller-Lyer）在《文化的现象及其进步的趋向》（*Die Phasen der Kultur und Die Rich-tungslinien des Fortschritts*）一书中，强调文化是包括智识、能力、习惯、生活以及物质上与精神上的种种的进步与成绩，即人类从精神及物质两个层面做出的所有的努力与结果。之后的很多人类学家都引用"文化"概念，并认为文化应该兼顾物质与精神两个基本要素。1925年，爱德华·萨皮尔（Edward Sapir）发表论文《文化：真与假》（"Culture：Genuine and Spurious"），指出文化的三种意义：第一种是照传统的用法，指文化的物质与精神两方面；第二是文化的价值概念；第三种强调的是文化作为文明特殊表征的意义。1952年，美国文化人类学家克洛伯（A. L. Kroeber）和克拉克洪（Clyde Kluckhonn）在《关于文化概念和定义的批判性反思》一书中给文化下了一个更为综合性的定义：

> 文化存在于各种内隐的和外显的模式之中，借助符号的运用得以学习和传播，并构成人类群体的特殊成就，这些成就包括他们制造物品的各种具体式样，文化的基本要素是传统（通过历史衍生和由选择得到的）思想观念和价值，其中尤以价值观最为重要。①

克洛伯和克拉克洪强调文化的"内隐"和"外显"的本质特征，其定义被中西方学术界广泛接受。"内隐"和"外显"的本质特征实则表明文化通常是由有形的生活方式和与之相对应的无形的价值体系两个部分构成。因此，美国学者哈维兰认为，文化是能够给拥有该文化的群体带来幸福感的生活方式和价值系统。② 同时，"文化和环境的关系非常密切，什么样的自然环境产生什么样的生计方式，什么样的生计方式产生什么样的生活形态，什么样的生活形态就会有与之相对应的一套价值观念，所以文化说到底是一

---

① A. L. Kroeber, Clyde Kluckhonn, *A Critical Review of Concepts and Definitions*, Harvard University Press, 1952, p. 156.

② 〔美〕威廉·A. 哈维兰：《文化人类学》，瞿铁鹏、张钰译，上海社会科学出版社，2005，第39页。

个民族的生存策略和智慧"。①

二　文化与自然之间的矛盾与张力

从文化的角度来透视生态危机能够使人们的反思和批判达到一个新的高度。今天学术界对"文化"概念界定的角度很多，然而无论我们从何种角度定义文化，一旦发出"何为文化"之溯源式追问，"自然"势必是定义"文化"的唯一参照物。文化即人化，"天地之大也，人犹有所憾。故君子语大，天下莫能载焉；语小，天下莫能破焉"。② 文化世界是一个以人类活动为背景和基础的世界。自然即自化，"天地固有常矣，日月固有明矣，星辰固有列矣，禽兽固有群矣，树木固有立矣"。③ 四时之序、草木枯荣、花开花谢、潮起潮落都是以自然的方式安排，遵从的是大自然的节奏。因此，文化和自然是两个相对应的概念范畴，两者既对立又相互转化。文化与自然之间存在着矛盾和张力，文化的发展在一定程度上是以自然的隐退为代价的。人类最先生活在一个神秘的自然王国中，自然界的千变万化令人类惊讶无比，因而早期的人类文化中充满神秘的符号。但是随着人类不断地进化和发展，其生活方式随之发生改变，这种改变可以概括为从依顺自然到逐渐摆脱自然并最终与自然抗衡，人类文化朝向的是远离自然方向的演化。

古巴比伦文明曾是人类文化世界里的一朵奇葩，然而在与自然力的抗衡中却早早地凋零，是人化自然的失败。古巴比伦人为了建造文化的家园，大肆砍伐森林，因地中海气候特点，被砍伐过后的土地被冬季的倾盆大雨不断冲刷时，河道和灌渠中的淤泥不断堆积，为保持灌渠的畅通，人们将挖出的淤泥堆放在河渠边，从而又造成新的淤积堵塞。在这种情况下，人们不得不放弃无法使用的旧灌溉沟渠，又挖新灌渠，再淤积再挖掘，如此不断地恶性循环，使得土地逐渐演变至荒芜的自然状态。在这个文化世界被自然力侵蚀的过程中，其高大的神庙和美丽的空中花园也随着马其顿征服者的建都而荡然无存。恩格斯对此进行过分析：

① 石硕：《如何认识藏族及其文化》，《西南民族大学学报》（人文社会科学版）2015年第12期，第31页。
② 《论语·大学·中庸》，陈晓芬、徐儒宗译注，中华书局，2015，第306页。
③ 《庄子》，方勇译注，中华书局，2015，第216页。

美索不达米亚、希腊、小亚细亚以及其他各地的居民，为了得到耕地，毁灭了森林，但是他们做梦也想不到，这些地方今天竟因此而成为不毛之地，因为他们使这些地方失去了森林，也就失去了水分的积聚中心和贮藏库。阿尔卑斯山的意大利人，当他们在山南坡把那些在山北坡得到精心保护的枞树林砍光用尽时，没有预料到，这样一来，他们就把本地区的高山畜牧业的根基毁掉了；他们更没有预料到，他们这样做，竟使山泉在一年中的大部分时间内枯竭了，同时在雨季又使更加凶猛的洪水倾泻到平原上。①

艾略特也曾感性地描写了文明的"荒原"，而且还理性地分析了人类的未来"建立在私人利益原则和破坏公共原则之上的社会组织，由于毫无节制地实行工业化，正在导致人性的扭曲和自然资源的匮乏，而我们大多数的物质进步则是一种使若干代后的人将要付出代价的进步"。② 人类文化演变的主题实质上是对人与自然关系的不同文化的解读与阐释，生态危机就是人类文化在总体走向上趋于远离自然、排斥自然的结果。生态危机暴露了人类生存的困境，在一定程度上也暴露了人类文化的困境，而摆脱文化困境的唯一出路就是谋求生态文化的繁荣。"生态文化在物质层次方面要摒弃掠夺自然的生产方式和生活方式，学习自然的生态智慧，创造新的技术形式和能源形式，实现自然价值和社会价值的统一；在制度层次方面，生态文化要改变传统的自发破坏环境的社会制度，建立新的人类社会共同体，以及人与生物和自然的伙伴共同体，从而使环境保护制度化；在精神层次方面，生态文化要抛弃人类中心主义，建设'尊重自然'和'敬畏自然'的文化，实现人与自然的伙伴关系和协同进化。总之，人类文化向生态文化的转变将为人类的未来展现一个和谐美好的前景。"③

三　和谐共享的青藏高原河源生态文化体系

人类学上一个重要的概念是"适应"，人类学家常从物质环境适应的视

① 恩格斯：《自然辩证法》，人民出版社，2018，第313页。
② 彭克巽主编《欧洲文学史》第2卷，商务印书馆，2001，第72页。
③ 陈泽环：《功利·奉献·生态·文化——经济伦理引论》，上海社会科学院出版社，1999，第146页。

角研究解释人类群体的习俗，认为不同的人类群体由于他们与环境的特殊关系而发展出完全不同的生活方式。马克思主义认为，"只要有人存在，自然史和人类史就彼此相互制约"。① 自人类在特定地理和自然环境下的活动总要受制于环境，反过来人类也在不断地适应并改造着周围的环境；地理和自然环境的多样性和复杂性使人类有着最为广泛的不同地区的行为模式，在一定意义上，每一种都是对不同环境状况里求生挑战的适应。青藏高原是一个四周被巨大山脉环绕的独立的地理单元，河源地区高寒缺氧、生物生长极其艰难，千百年来，世居在青藏高原的人们主要依靠大自然的赐予维持自身生存，人们心怀感恩，谨慎探索自然的奥秘，遵从自然法则采取行动，探求与自然共生之道。青藏高原河源地区的整个自然界亦是一个巨大的生命社会，人在这个生命社会中并无支配占有的地位，而是与其他生物相互依存，强调的是自然界生命的和谐统一与持续性原则，是一种古老的生态伦理思想的朴素表达。

在青藏高原河源地区藏族人的观念中，山是神山，水是圣水，自然世界被赋予了神圣的精神性特质，这种集体表象实际上是高原特殊环境下人与自然关系的反映，其背后是人的主体性受到严重制约的社会事实。古老的三界神灵观即反映藏族先民对空间的一种分类意识和基本认知，对人们生活而言，空间是人类赖以生存和生活的物质基础，"三界"空间首先是人类生活的基本物质空间，日月星辰、鸣雷闪电、风云雨雪、草原雪山、江河湖海，人类生活其中，不同空间对人类生存生活施以不同的影响力，强大的自然力必然会成为人们崇拜的对象，对周遭自然力进行分类也是自然而然的。按照三界神灵的观念，不同空间分别有不同的神灵，它们与人类社会处在同一世界、同一空间，因此与人们生活直接关联。三界空间各有神灵，分别是赞、年和勒。赞代表天空中雷鸣电闪等自然力，年代表土地之上的自然力，勒代表水中和地下世界的一切自然力。热贡藏区的民族志资料表明，三界神灵受到藏族人民重视的程度有所差异，祭祀年神的仪式最为繁复隆重，龙神次之，赞神只是出现在祭祀对象的名目中，看不到专门的祭祀仪轨，但是三界神灵的文化建构是普遍的，早已是藏族人民深层思维结构和思维模式的一部分。守护神的体系建构与其根生的社会及其结

---

① 《马克思恩格斯全集》第 3 卷，人民出版社，1960，第 20 页。

构有着紧密的联系并且有着一定的同构或相互映照关系。"夏尼措哇"（父系血缘家族）是热贡藏族最初级的社会认同单位，也是人们生产和生活中开展互助的基础单位。田野调查表明，原生的热贡地区"措哇"基本上都有自己的守护神，它是一个父系血缘家族的守护神，因此，对于同一父系血缘家族的每个个体家庭而言，守护神是同一的。从守护神的社会性意义上分析，守护神是一个"措哇"群体的社会性标志，也是族内成员认同的标志。家庭和"措哇"组织的不断裂变是社会再生产的基本方式，但是无论社会如何再生产，守护神的同一性一般不会改变，因为守护神是一个父系血缘群体社会统一性的象征，几个分立区域"措哇"组织共同供奉同一守护神的情况一般说明它们之间有一定的历史联系。守护神在一定意义上被当作象征祖先看待，这样的观念在整个藏区具有普遍性，有些地区把自己供奉的山神称为"波沃意德"，[①] 意为父系祖先山神。热贡人常常在保护神名称前冠以"阿米""阿尼"等称谓，都是男祖先的意思，如"阿尼夏琼""阿米拉日""阿米年钦""阿米德合隆"等。法国藏学家石泰安在谈到山神的这一象征功能时说："神山与世族谱系的创立者有密切的联系，人们一般都把它当作'祖父'来供养。"[②] 在热贡地区有一些村庄有这样的习俗，除夕之夜，人们聚集在村庄的神庙中祭祀神灵，辞旧迎新，这是几千年历史传承下来的习惯，家家户户都来向守护神煨桑献供，在神庙中大家一起饮酒、唱歌、娱乐，共同迎接新年的到来，在新旧交替的时刻，巫师通神，以神的名义宣谕新年时刻已经到来，村民们用煨桑、燃放鞭炮、敲锣、吹海螺等方式迎接新年的到来，为守护神献上新年的供品，象征为神拜年。

　　综上所述，生态文化是人们处理人与自然之间的关系以及与之相关的其他关系领域的思想观念、价值判断、科学认识、知识体系等一切精神方面成果的总和。作为一种历史建构的过程，生态文化是过去、现在和未来的统一。作为一种对人与自然之间的关系以及与之相关的其他关系的文化把握，生态文化是共性和个性的统一。根生于高原特殊生态环境下的自然

---

① 索端智：《藏族信仰崇拜中的山神体系及其地域社会象征——以热贡藏区的田野研究为例》，《思想战线》2006 年第 2 期。

② 〔法〕石泰安：《西藏的文明》，耿昇译，中国藏学出版社，2005，第 230 页。

崇拜观念，数千年历史传承，成为人们生活模式中不可或缺的组成部分，是河源地区整体的文化适应机制中的最重要组成部分，是河源文化中原生的，处于最基础、最底层且对生活在这里的人们的行为模式影响最深沉、最持久的观念体系，其功能就是解决好特殊环境下人们世俗生活与环境之间的关系。

第四节　青藏高原河源文化与生态文明建设

"人与自然"的和谐发展即自然生态和谐，是生态马克思主义哲学"广义生态和谐"——"四大生态和谐"① 要义之一，是生态文明的核心理念。因此，生态文明就是着眼于人类未来的共同命运，强调不同民族、不同文明的人类居住在"同一个星球"，是一个"人类命运共同体"。生态文明建设是谋求人类自我救赎、构建人类命运共同体、实现人类可持续发展的必经之路和必然遵循。

一　生态文明建设的历史脉络

迈向生态文明新时代有两层含义：一是当今世界仍然处于黑色文明达到了全面异化的巨大危机之中，使当今人类面临着前所未有的工业文明黑色危机的巨大挑战。从 20 世纪 70 年代起，人类社会活动对自然生态的需求就已接近自然生态供给能力的极限值，到 21 世纪第二个十年已经需要 1.5 个地球才能满足人类正常的生存与发展需要。可见工业文明黑色发展的一切辉煌成就的取得都是以毁灭自然生态环境为代价的，使"今天世界上的每一个自然系统都在走向衰落"。② 联合国环境规划署曾在北京发布全球环境展望报告指出，当今世界仍沿着这条不可持续之路加速前进。二是巨大危机是巨大变革的历史起点，开启了生态文明建设的新格局，使人类面临前所未有的和谐发展的历史机遇，并给予其全面生态变革的强大动力。

---

① 生态马克思主义哲学认为，"四大生态和谐"包括人与自然、人与人、人与社会及个人的身心的和谐发展。
② 〔美〕保罗·替肯：《商业生态学》，夏善晨等译，上海译文出版社，2001，第 26 页。

作为生态文明建设的先行者，中国共产党和中央政府做出了前所未有的可贵探索。以毛泽东同志为核心的党的第一代中央领导集体明确了保护自然爱护自然、走绿色生产之路的基本要求，迈出了我国生态文明建设征程的第一步；以邓小平同志为核心的党的第二代中央领导集体强调经济发展与生态保护"两手抓、两手都要硬"，将生态环境保护上升为我国的一项基本国策，在制度层面保障了我国的生态文明建设的推进；以江泽民同志为核心的党的第三代中央领导集体坚持把可持续发展融入现代化发展的全过程，从实践层面探索了生态文明建设的主要路径；以胡锦涛同志为总书记的党中央，以中国特色丰富可持续发展内涵，从理论层面明确了生态文明建设的深刻内涵；以习近平同志为核心的党中央站在前人的肩膀上，将生态文明建设作为统筹推进"五位一体"总体布局和协调推进"四个全面"战略布局的重要内容，提出了一系列新理论、新思想、新战略，形成了具有中国特色的新时代生态文明建设理论与实践。

二　新时代生态文明建设理论的内容谱系

党的十八大以来，习近平总书记站在中华民族永续发展的高度，在几代中国共产党人不懈探索的基础上，全面加强生态文明建设，系统谋划生态文明体制改革，决心之大、力度之大、成效之大前所未有。赋予生态文明建设理论新的时代内涵，形成了习近平生态文明思想，把我们党对生态文明的认识提升到了一个新的高度，开创了生态文明建设新境界，我国生态环境保护发生历史性、转折性、全局性变化。习近平生态文明思想是百年来中国共产党在生态文明建设方面奋斗成就和历史经验的集中体现，是社会主义生态文明建设理论创新成果和实践创新成果的集大成者。

2012年11月，党的十八大报告在第八章"大力推进生态文明建设"中阐明，必须树立尊重自然、顺应自然、保护自然的生态文明理念，把生态文明建设放在突出地位，融入经济建设、政治建设、文化建设、社会建设各方面和全过程，努力建设美丽中国，实现中华民族永续发展，这也就是"五位一体"的战略布局。同时部署了生态文明建设的四个重点领域：优化国土空间开发格局，全面促进资源节约；加大自然生态系统和环境保护力度，加强生态文明制度建设，推动生态文明建设在重点突破中实现整体推进。大力推动生态文明理论创新、实践创新、制度创新，创造性提出一系列富有中国特色、体现时代精神、引领人类文明发展进步的新理念新思想新战略，形成了习近平生态文明思想。2017年召开的党的十九大，明确提出到2035年基本实现美丽中国的宏伟目标。2018年5月，党中央召开全国生态环境保护大会，正式提出习近平生态文明思想，高高举起了新时代生态文明建设的思想旗帜。

党的二十大报告在"过去五年的工作和新时代十年的伟大变革"部分开宗明义："我们坚持绿水青山就是金山银山的理念，坚持山水林田湖草沙一体化保护和系统治理，全方位、全地域、全过程加强生态环境保护，生态文明制度体系更加健全，污染防治攻坚向纵深推进，绿色、循环、低碳发展迈出坚实步伐，生态环境保护发生历史性、转折性、全局性变化，我们的祖国天更蓝、山更绿、水更清。"将"推动绿色发展，促进人与自然和谐共生"列为未来五年的重点战略之一，指出大自然是人类赖以生存发展的基本条件。尊重自然、顺应自然、保护自然，是全面建设社会主义现代化国家的内在要求。党的二十大报告仍将人与自然和谐共生列为战略重点，凸显了其在中国式现代化建设中的基础性关键性地位，彰显了以习近平同志为核心的党中央推进生态文明建设的坚定意志和战略定力。

习近平生态文明思想系统阐释了人与自然、保护与发展、环境与民生、国内与国际等关系，就其主要方面来讲，集中体现为"十个坚持"，即坚持党对生态文明建设的全面领导，坚持生态兴则文明兴，坚持人与自然和谐共生，坚持绿水青山就是金山银山，坚持良好生态环境是最普惠的民生福祉，坚持绿色发展是发展观的深刻革命，坚持统筹山水林田湖草沙系统治理，坚持用最严格制度最严密法治保护生态环境，坚持把建设美丽中国转化为全体人民自觉行动，坚持共谋全球生态文明建设之路。这"十个坚持"深刻回答了新时代生态文明建设的根本保证、历史依据、基本原则、核心理念、宗旨要求、战略路径等一系列重大理论与实践问题，标志着我们党对社会主义生态文明建设的规律性认识达到新的高度。

习近平生态文明思想是新时代中国特色社会主义思想的重要组成部分，是我们党不懈探索生态文明建设的理论升华和实践结晶，是马克思主义基本原理同中国生态文明建设实践相结合、同中华优秀传统生态文化相结合的重大成果，是以习近平同志为核心的党中央治国理政实践创新和理论创新在生态文明建设领域的集中体现，是人类社会体现可持续发展的共同思想财富，是新时代我国生态文明建设的根本遵循和行动指南。

三　青藏高原河源地区"人与自然和谐共生"关系的东方范式

"我们要构筑尊崇自然、绿色发展的生态体系。人类可以利用自然、改造自然，但归根结底是自然的一部分，必须呵护自然，不能凌驾于自然之上。我们要解决好工业文明带来的矛盾，以人与自然和谐相处为目标，实现世界的可持续发展和人的全面发展。"[①]

德国学者格罗伊在《东西方理解中的自然》一文中指出，当代人与自然关系的全球性危机，本质上是近代以来西方人与自然关系的机械论范式的结果。近代以来的西方范式有以下四个基本特征：第一，人与自然的主客体二分；第二，对自然的机械性和数学性的分析综合方法；第三，通过实验将自然物变为人造物；第四，人与自然的主奴关系。格罗伊认为，人类如果要扭转当代的生态环境危机，就必须在整体上放弃人与自然关系上的西方范式。[②]

青藏高原河源文化地区"人与自然和谐共生"关系的东方范式与西方范式的四个基本特征恰好相反：第一，与西方关于人与自然的主客体二分的观念不同，河源文化中人与所有生物具有统一性，人类与其他生命形式一样从属于生命的统一体，在原则上人对植物、动物及大自然心存敬畏之心，而没有其特殊的地位。第二，与西方的机械论世界观不同，河源文化坚持一种有机论的世界观，把宇宙视为一个有机联系的整体。宇宙的任何组成部分都被看作整个关系网络的一个部分，不能把它从环境中孤立出来，其中的任何个体事物本身又是一个有机的整体，它们以自身的存在反映着整个宇宙。第三，河源文化中在人与自然的态度和行为方式上提倡"无为"原则，要求以有机的整体论的生存方式与自然打交道，反对立足于人为计划的有意行为，而倡导一种自发的、直接的、非人为的顺其自然的行为方

---

① 习近平：《携手构建合作共赢新伙伴，同心打造人类命运共同体》（2015 年 9 月 28 日），转自中共中央文献研究室编《十八大以来重要文献选编》（中），中央文献出版社，2016，第697 页。

② Lzerm Karen Gloy，"Nature im uestlichen und istlichen Verstindnis，"参见湖北大学哲学研究所、《德国哲学论丛》编委会编《德国哲学论丛 1995》，中国人民大学出版社，1996，第187~219 页。

式。这正好与西方强调实验作用的人为性、计划性的行为方式相对立。第四，在伦理上，与西方的主奴关系原则相反，河源文化倡导的是无伤害原则。它要求不要伤害任何生物，避免使生物产生痛苦和不安，无论是在言语上、思想上还是行为上都是如此。

习近平总书记在《共谋全球生态文明建设之路——关于生态文明建设的全球倡议》中指出：

人类只有一个地球，地球是全人类赖以生存的唯一家园。人类生活在同一个地球村里，生活在历史和现实交汇的同一个时空里，越来越成为你中有我、我中有你的命运共同体。人类命运共同体，顾名思义，就是每个民族、每个国家的前途命运都紧紧联系在一起，应该风雨同舟，荣辱与共，努力把我们生于斯、长于斯的这个星球建成一个和睦的大家庭，把世界各国人民对美好生活的向往变成现实。

生态文明建设关乎人类未来。人类能不能在地球上幸福地生活，同生态环境有着很大关系。人与自然共生共存，伤害自然最终将伤及人类。工业文明创造了巨大物质财富，但也带来了生物多样性丧失、环境破坏、气候变化的生态危机。空气、水、土壤、蓝天等自然资源用之不觉、失之难续。地球上的物质资源必然越用越少，大量耗费物质资源的传统发展方式显然难以为继。面向未来，世界现代化人口将快速增长，如果依照现存资源消耗模式生活，那是不可想象的。只有尊重自然、顺应自然、保护自然，探索人与自然和谐共生之路，促进经济发展与生态保护协调统一，才能守护好这颗蓝色星球。

"孤举者难起，众行者易趋。"人类面临的所有全球性问题，任何一国想单打独斗都无法解决，必须开展全球行动、全球应对、全球合作。习近平总书记指出，保护生态环境是全球面临的共同挑战和共同责任。面对生态环境挑战，人类是一荣俱荣、一损俱损的命运共同体，没有哪个国家能独善其身，我们必须做好携手迎接更多全球性挑战的准备。为了我们共同的未来，国际社会应当秉持人类命运共同体理念，追求人与自然和谐、追求绿色发展繁荣、追求热爱自然情怀、追求科学治理精神、追求携手合作应对，以前所未有的雄心和行动，勇于担当，勠力同心，共同医治生态环境的累累伤痕，共同营造和谐宜居的人类家园，共同构建地球生命共同体，开启人类高质量发展新征程。[1]

"河源"孕育诸多水系，是大江大河的源头，山是水之源，水是生命之源，也是文明之源。长江、黄河孕育了中华文明，黄河流域是连接青藏高原、黄土高原、华北平原的生态廊道，千百年来，奔腾不息的黄河同长江一起，哺育中华民族，孕育了河源文化、河洛文化、关中文化、齐鲁文化等中华文明，在我国五千多年文明史上，黄河流域有三千多年，是中华民族坚定自信的重要根基。恒河、印度河孕育了印度文明，萨尔温江等孕育了东南亚诸国文明。因此，河源区域在全国乃至世界生态安全格局与文明发展史中具有举足轻重的地位。河源地区生态环境优劣不仅直接关系到区域内生物和居民的生存和发展，而且该区域生态环境的发展决定了更大区域范围的生态环境变化。换言之，河源地区与整个黄河、长江流域乃至全国与亚洲地区的关系是"一损俱损、一荣俱荣"的关系，是部分与整体的关系。因此，习近平总书记对青海生态环境保护建设高度关注、寄予厚望，对青海做出了"三个最大"的省情定位，强调保护好三江源，保护好"中华水塔"，筑牢国家生态安全屏障，确保"一江清水向东流"，是青海义不容辞又容不得半点闪失的重大责任。

在漫长的历史发展过程中，河源地区各族儿女尊重自然、热爱自然，绵延几千年的河源文化是全球独具特色的人与自然和谐共生的文化，孕育着丰富的生态智慧，涵盖了"天人合一、顺应自然"的生态平衡理念，"民胞物与、仁爱万物"的生态关联理念，"倡导节俭、少私寡欲"的生态代价理念，以及"天人相分、参天造天"的生态补偿理念。这些生态智慧在思维方式、方法论及其样本启示意义上客观地构成了现代生态文明的营养基础，不仅对当地生态处于良好循环状态具有不可替代的作用，而且也是生态文明高地建设的重要依托与生态环境可持续发展的重要保障。

四 人与自然和谐共生关系之实践案例

在生态问题已成为全球问题的今天，人们在检讨和反省现代性基础上

---

[1] 中共中央宣传部、中华人民共和国生态环境部编《习近平生态文明思想学习纲要》，学习出版社、人民出版社，2022，第99~100页。

形成的人与自然间矛盾关系的同时，不断从传统文化和价值中寻求人与环境可持续发展的精神资源，以实现人与自然和谐关系的永续发展。

传统社会里，人的生存依赖对生态的认识与调适，代代积累的知识与经验，将人与生命古老源头紧紧相连，是世上最珍贵的知识宝库。对整体人类社会而言，传统社会的消失将是无法弥补的损失，因为我们可自其中学习在微妙生态系统里永续生存的传统技巧。①

把河源文化中传统深厚朴素的生态智慧引申到生态文明建设高度，将其内化于心、外化于行，并取得显著成效的，"树贵如玉"的玉树就是一个缩影。玉树藏族自治州土地面积 26.7 万平方千米，涵盖三江源国家公园长江源园区和澜沧江园区，占园区总面积的 85%，涉及杂多、治多、曲麻莱 3 县 9 个乡镇 34 个行政村，生态地位十分重要。从 2004 年到 2016 年，森林覆盖率由 2.8% 提高到 3.1%；荒漠化和黑土滩面积由 15.56% 降低到 13.9%；长江、澜沧江多年平均径流量分别增长 34.7 亿立方米和 0.58 亿立方米；组织生态移民 3.3 万人，近 31 万人享受到生态补偿；空气优良率保持在 90% 以上，饮用水源地水质达标率为 100%，长江、黄河、澜沧江等重要河流出境水质保持优良，实现一江清水向东流。澜沧江园区的杂多县昂赛乡年都村是一个典型的以畜牧业为主的村落，随着三江源国家公园体制试点工作的启动，人们保护生态的意识和积极性更加高涨，将环境整治、保护动物、巡山护山等，逐渐转变为自发组织自愿参加的民间活动。位于三江源国家级自然保护区核心腹地的果洛藏族自治州玛多县，是河源地区海拔最高的县，全年只有冷暖两季之别。五月的大地仍然被薄雪覆盖着，藏野驴在茫茫原野散步，水鸟在鄂陵湖悠闲停留。

截至目前，河源地区建成较为完整的自然保护地体系，建立了包括三江源、祁连山 2 个国家公园体制试点，11 个自然保护区，14 处水产种质资源保护区以及森林公园、湿地公园、沙漠公园等在内的各级各类自然保护地 109 处。通过加快实施三江源二期、祁连山等重点生态工程，河源地区黑

---

① 〔美〕大卫·铃木、阿曼达·麦康纳：《神圣的平衡：重寻人类的自然定位》，何颖怡译，汕头大学出版社，2003，第 181 页。

土滩治理区植被覆盖率由 20% 增加到 80% 以上，藏羚羊数目恢复到 7 万多只，各类自然保护地成为野生动物繁衍生息的乐园。与此同时，深入挖掘河源文化博大内涵，形成了青海省国家级黄南州热贡文化生态保护实验区，国家级格萨尔文化（果洛）生态保护实验区，国家级藏族文化（玉树）生态保护实验区，以及互助土族、循化撒拉族、海西德都蒙古、玉树康巴等一批省级民族文化生态保护区，并形成以青藏高原生态旅游大环线为"一线"，青海湖、三江源、祁连风光、昆仑溯源、河湟文化、青甘川黄河风情六大生态旅游协作区为"六区"，青藏世界屋脊和唐蕃古道生态旅游廊道为"两廊"的"一环六区两廊多点"的生态旅游发展新布局。这些在生态保护与建设方面取得的令人瞩目的成绩，黄河长江"母亲河"、碧波荡漾的青海湖、藏羚羊繁衍迁徙的生态河源场景，是河源地区人们历来具有的敬畏自然、崇拜自然、尊重自然的朴素生态观的生动体现，也是践行青藏高原河源文化对"人与自然和谐共生"系统思考的丰硕结果。

结　语

建设生态文明，生态文化不可缺位。习近平总书记在全国生态环境保护大会上指出："中华民族向来尊重自然、热爱自然，绵延 5000 多年的中华文明孕育着丰富的生态文化，必须加快建立健全以生态价值观念为准则的生态文化体系。"①

在人类学上，文化基本上是指人类对自然和社会环境的一种适应系统和机制，它涉及人类赖以生存的三种关系，即人与自然的关系、人与人的关系和人与自身心理的关系，三种关系相互作用、协调、整合，形成各种行为规范和千差万别的文化生活模式。正如马克思主义所认为的，只要有人存在，自然史和人类史就彼此相互制约。有人类社会以来，人类与环境的关系问题始终是人类生存与发展所面临的基本问题。人类在特定地理和自然环境下的活动总要受制于环境的制约和影响，反过来人类也在不断地适应并改造着周围的环境；地理和自然环境的多样性和复杂性使人类有着最为广泛的不同地区的行为模式，在一定意义上，每一种模式都是对在不同环境状况里求生挑战的适应。

河源地区地处青藏高原腹地是我国重要的生态安全屏障，我国淡水资源的重要补给地，高寒生物种质资源宝库，亚洲乃至北半球气候变化的"调节器"，是全球气候变化及其对生态系统影响的重要监测基地，是"中华民族的生命之源"。河源地区自然造就的史前文明的彩陶之路、玉石之路、青铜之路与历史文明时期的丝绸之路、唐蕃古道、茶马互市形成青藏高原纵横交错的交流网络，具有承东启西、接南通北的重要作用。历史上，羌、氐、月氏、吐蕃（藏）、鲜卑等诸多民族都在这里繁衍生息，是农耕文化、游牧文化、草原文化的重要交汇点。数千年来生活在"世界屋脊"之上的河源儿女在特殊严酷的自然环境下生生不息，世代守望，在人与自然关系的调适过程中形成对周围环境的独特理解以及在此基础上有效的文化适应，以千百年绵延的文化理念及行为与周围生态环境达成协调一致，形成一套特殊的文化适应模式。获食方式和资源观最能反映一个群体对环境和可供资源的适应，也就是说哪些动物和植物可以食用这样一个简单的问题，不同文化就有迥乎不同的理解，藏族对周围环境和动植物资源存在广泛的禁忌行为，山宗水源、地下矿藏、水中鱼类乃至旷野中的野生动物等

---

① 习近平：《推动我国生态文明建设迈上新台阶》，《求是》2019 年第 3 期。

在一定意义上都被当作禁忌的对象，资源观念上罩上了神山、圣水、圣物的神圣面纱，这些神圣观念源自高原特殊生态基础上原生的自然崇拜观念和由此演化而成的一整套文化观念，是以观念形态表现出来的集体表象，实际上是青藏高原整体的文化适应的一部分，反映出青藏高原对脆弱的自然环境的谨慎适应。

河源文化中蕴含着的尊重生命、敬畏自然、和谐共存的古朴的生态伦理思想，维持了河源地区几千年来的生态环境和生态系统稳定，也是对自党的十九大提出"人与自然是生命共同体"，[①] 到 2021 年 4 月习近平总书记在领导人气候峰会上正式提出"人与自然生命共同体"的重大论断、人与自然生命共同体的原则体系与核心要义，[②] 再到党的二十大提出"人与自然和谐共生"的中国式现代化的完整实践。[③] 这些都无可辩驳地说明青藏高原河源地区是中华文明起源和生态文明建设的主要区域，河源文化是一种历史上积淀下来的"文化底层"，所蕴含的"生态"与"文明"的精神内涵也正是撬动中华文明精神与人类各民族永续发展生生不息的杠杆。

---

① 《党的十九大报告辅导读本》编写组编著《党的十九大报告辅导读本》，人民出版社，2017，第 373 页。
② 《习近平重要讲话单行本》（2021 年合订本），人民出版社，2022，第 114 页。
③ 《党的二十大报告辅导读本》编写组编著《党的二十大报告辅导读本》，人民出版社，2022，第 21 页。

参考文献

（按出版或发表时间之先后排序）

一 古籍文献类

［1］（唐）徐坚：《初学记》，中华书局，1962。

［2］（唐）李延寿：《北史》（全10册），中华书局，1974。

［3］（宋）欧阳修等：《新唐书》，中华书局，1975。

［4］（后晋）刘昫等：《旧唐书》，中华书局，1975。

［5］（唐）李吉甫：《元和郡县图志》，贺次君注解，中华书局，1983。

［6］（清）王全臣纂修《河州志》，临夏图书馆据北京民族图书馆藏本印，1985。

［7］（清）梁份：《秦边纪略》，赵盛世等校注，青海人民出版社，1987。

［8］（清）马瑞长：《毛诗传笺通释》，陈金生点校，中华书局，1989。

［9］（宋）李昉等：《太平御览》（全4册），中华书局，1995。

［10］（唐）杜佑：《通典》，王文锦等点校，中华书局，1996。

［11］（唐）玄奘、辩机原著，季羡林等校注《大唐西域记校注》，中华书局，2000。

［12］（清）蒋良骐：《东华录》，鲍思陶、西原点校，齐鲁书社，2005。

［13］《周礼·仪礼·礼记》，陈戍国点校，岳麓书社，2006。

［14］（北魏）郦道元著，陈桥驿校证《水经注校证》，中华书局，2007。

［15］（汉）班固：《汉书》，中华书局，2007。

［16］（汉）孔安国传，（唐）孔颖达正义《尚书正义》，黄怀信整理，上海古籍出版社，2007。

［17］（清）章学诚：《文史通义》，吕思勉评，李永圻、张耕华导读整理，上海古籍出版社，2008。

［18］（汉）司马迁：《史记》，中华书局，2011。

［19］《山海经》，方韬译注，中华书局，2011。

［20］（晋）陈寿：《三国志》，中华书局，2011。

［21］《左传》，郭丹等译注，中华书局，2012。

［22］《尚书》，王世舜、王翠叶译注，中华书局，2012。

［23］（南朝宋）范晔：《后汉书》，中华书局，2012。

[24]《张载集》，章锡琛点校，中华书局，2012。

[25]（清）段玉裁：《说文解字注》，中华书局，2013。

[26]《周礼》，徐正英、常佩雨译注，中华书局，2014。

[27]《尔雅》，管锡华译注，中华书局，2014。

[28]（唐）道宣：《续高僧传》，中华书局，2014。

[29]《徐霞客游记》（全4册），朱惠荣、李兴和译注，中华书局，2015。

[30]（唐）房玄龄等：《晋书》，中华书局，2015。

[31]（清）龚景瀚编《循化厅志》，李本源校，崔永红校注，青海人民出版社，2016。

[32]《水经注》，陈桥驿译注，王东补注，中华书局，2016。

[33]（清）纪昀等：《钦定河源纪略》（全2册），中华书局，2016。

[34]（清）杨志平：《丹噶尔厅志》，何平顺等标注，马忠校订，青海人民出版社，2016。

[35]（汉）刘安著，陈广忠译注《淮南子译注》，上海古籍出版社，2017。

[36]《礼记》，胡平生、张萌译注，中华书局，2017。

[37]（梁）宗懔，（隋）杜公瞻注《荆楚岁时记》，姜彦稚辑校，中华书局，2018。

[38]（宋）司马光编著，（元）胡三省音注《资治通鉴》，中华书局，2018。

[39]《说文解字》，汤可敬译注，中华书局，2018。

[40]（北齐）魏收：《魏书》，中华书局，2018。

[41]范祥雍订补《古本竹书纪年辑校订补》，上海古籍出版社，2018。

[42]（南朝梁）萧统：《文选》，张启成、徐达等译注，中华书局，2019。

[43]《穆天子传》，高永旺译注，中华书局，2019。

[44]（汉）刘向：《说苑》，王天海、杨秀岚译注，中华书局，2019。

[45]（清）龚景瀚编《循化厅志》，李本源校，崔永红校注，青海人民出版社，2020。

[46]（清）齐召南：《水道提纲》，胡正武校点，浙江大学出版社，2021。

二 著作类

[1] 王云五主编《河源记及其他两种》（丛书集成初编），商务印书馆，1936。

[2] 吴景敖：《西陲史地研究》，中华书局，1948。

[3] 季羡林：《中印文化关系史论丛》，人民出版社，1957。

[4] 顾颉刚：《史林杂识初编·四岳与五岳》，中华书局，1963。

[5] 中央民族学院少数民族语言文学系藏语文教研室藏族文学小组编《藏族民间故事选》，上海文艺出版社，1980。

[6] 岑仲勉：《隋唐史》，中华书局，1982。

[7] 陈寅恪：《隋唐制度渊源略论稿》，上海古籍出版社，1982。

[8] 冉光荣等：《羌族史》，四川民族出版社，1984。

[9] 陶立璠等编《中国少数民族神话汇编·人类起源篇》，中央民族学院少数民族古籍整理出版规划领导小组办公室，1984。

[10] 任美锷主编《中国自然地理纲要》（修订版），商务印书馆，1985。

[11] 吴丰培辑《川藏游踪汇编》，四川民族出版社，1985。

[12] 〔美〕费正清：《美国与中国》，张理京译，商务印书馆，1987。

[13] 林梅村：《沙海古卷·中国所出佉卢文书》（初集），文物出版社，1988。

[14] 格日尖参口述，曲江才让整理《敦氏预言授记》，青海民族出版社，1991。

[15] 刘起釪：《古史续辨》，中国社会科学出版社，1991。

[16] 申元村、向理平：《青海自然地理》，海洋出版社，1991。

[17] 佟锦华：《藏族文学史》，西藏人民出版社，1991。

[18] 《敦煌本吐蕃历史文书》，王尧、陈践译，民族出版社，1992。

[19] 黎宗华、李延恺：《安多藏族史略》，青海民族出版社，1992。

[20] 格勒等：《藏北牧民——西藏那曲地区社会历史调查》，中国藏学出版社，1993。

[21] 任美锷主编《中国自然地理纲要》，商务印书馆，1993。

[22] 姜伯勤：《敦煌吐鲁番文书与丝绸之路》，文物出版社，1994。

［23］ 马学良等主编《藏族文学史》，四川民族出版社，1994。

［24］ 钱穆：《中国文化史导论》，商务印书馆，1994。

［25］ 王钟翰主编《中国民族史》，中国社会科学出版社，1994。

［26］ 郑度等：《中国的青藏高原》，科学出版社，1995。

［27］ 青海省文物考古研究所编《青海省考古资料汇编》（内部刊印），1996。

［28］ 陈泽环：《功利·奉献·生态·文化——经济伦理引论》，上海社会科学院出版社，1999。

［29］ 费孝通：《中华民族多元一体格局》（修订本），中央民族大学出版社，1999。

［30］ 甘南藏族自治州地方史志编纂委员会编《甘南州志·地理志》，民族出版社，1999。

［31］ 黄布凡、马德：《敦煌藏文吐蕃史文献译注》，甘肃教育出版社，2000。

［32］ 仁乃强：《康藏地史大纲》，西藏古籍出版社，2000。

［33］ 尕藏才旦、格桑本：《青藏高原游牧文化》，甘肃民族出版社，2000。

［34］ 都兰县县志编纂委员会编《都兰县志》，陕西人民出版社，2001。

［35］ 陈庆英主编《藏族部落制度研究》，中国藏学出版社，2002。

［36］ 谢端琚：《甘青地区史前考古》（20世纪中国文物考古发现与研究丛书），文物出版社，2002。

［37］ 格勒、张江华编《李有义与藏学研究——李有义教授九十诞辰纪念文集》，中国藏学出版社，2003。

［38］ 汤惠生：《青藏高原古代文明》，三秦出版社，2003。

［39］ 曾建平：《自然之思：西方生态伦理思想探究》，中国社会科学出版社，2004。

［40］ 陈序经：《文化学概观》，中国人民大学出版社，2005。

［41］ 古方等：《中国出土玉器全集》第15卷，科学出版社，2005。

［42］ 侯仁之主编《中国古代地理名著选读》第1辑，科学出版社，2005。

［43］ 茅盾：《中国神话研究初探》，上海古籍出版社，2005。

［44］沈建中：《大禹陵志》，研究出版社，2005。

［45］闻一多：《神话与诗》，上海人民出版社，2005。

［46］王大有：《昆仑文明播化》，中国时代经济出版社，2006。

［47］许新国：《西陲之地与东西方文明》，北京燕山出版社，2006。

［48］何峰：《藏族生态文化》，中国藏学出版社，2006。

［49］南文渊：《藏族生态伦理》，民族出版社，2007。

［50］雍际春等：《人地关系与生态文明研究》，中国社会科学出版社，2009。

［51］丁山：《中国古代宗教与神话考》，上海书店出版社，2011。

［52］顾颉刚：《古史辨自序》，商务印书馆，2011。

［53］扎西东周：《雪域山神阿尼玛卿》，民族出版社，2012。

［54］任重：《生态伦理学维度》，江西人民出版社，2012。

［55］苗长虹：《黄河文明与可持续发展》，河南大学出版社，2013。

［56］四川省格萨尔工作领导小组办公室整理《丹玛青稞宗》，民族出版社，2014。

［57］姚宝瑄主编《中国各民族神话·门巴族 珞巴族 怒族 藏族》，书海出版社，2014。

［58］裴文中：《史前时期之西北》，山西人民出版社，2015。

［59］张云、林冠群主编《西藏通史》，中国藏学出版社，2016。

［60］陈金清：《生态文明理论与实践研究》，人民出版社，2016。

［61］中共中央文献研究室编《习近平关于社会主义生态文明建设论坛摘编》，中央文献出版社，2017。

［62］李文实：《西陲古地与羌藏文化》，青海人民出版社，2019。

［63］顾钰民等：《新时代中国特色社会主义生态文明体系研究》，上海人民出版社，2019。

［64］习近平：《论坚持人与自然和谐共生》，中央文献出版社，2022。

［65］中共中央宣传部、中华人民共和国生态环境部编《习近平生态文明思想学习纲要》，学习出版社、人民出版社，2022。

三　译著类

［1］〔法〕白吕纳：《人地学原理》，任美锷、李旭旦译，钟山书局，1935。

［2］〔德〕马克思：《摩尔根〈古代社会〉一书摘要》，中国社会科学院历史研究所编译组译，人民出版社，1965。

［3］〔德〕恩格斯：《自然辩证法》，人民出版社，1971。

［4］丰华瞻编译《世界神话传说选》，外国文学出版社，1982。

［5］《费尔巴哈哲学著作选集》下卷，震华、李金山译，商务印书馆，1984。

［6］〔英〕罗宾·乔治·科林伍德：《艺术原理》，王至元、陈华中译，中国社会科学出版社，1985。

［7］（元）萨迦·索南坚赞：《王统世系明鉴》，陈庆英、仁庆扎西译，辽宁人民出版社，1985。

［8］（元）索南坚赞：《西藏王统记》，刘立千译注，西藏人民出版社，1985。

［9］达仓宗巴·班觉桑布：《汉藏史集——贤者喜乐赡部洲明鉴》，陈庆英译，西藏人民出版社，1986。

［10］〔法〕戈岱司编《希腊拉丁作家远东古文献辑录》，耿升译，中华书局，1987。

［11］〔英〕詹·乔·弗雷泽：《金枝》，徐育新等译，中国民间文艺出版社，1987。

［12］〔法〕维克多·埃尔：《文化概念》，康新文、晓文译，人民出版社，1988。

［13］〔日〕大林太良：《神话学入门》，林相泰、贾福永译，中国民间文艺出版社，1988。

［14］〔英〕泰勒：《原始文化》，蔡江浓编译，浙江人民出版社，1988。

［15］大司徒·绛求坚赞：《朗氏家族史》，赞拉·阿旺、佘万治译，陈庆英校，西藏人民出版社，1989。

［16］〔美〕雷蒙德·范·奥弗编《太阳之歌：世界各地创世神话》，毛天祜译，中国人民大学出版社，1989。

［17］〔意〕图齐、〔德〕海希西：《西藏和蒙古的宗教》，耿升译，王尧校订，天津古籍出版社，1989。

［18］智观巴·贡却乎丹巴绕吉：《安多政教史》，吴均等译，甘肃民族出版社，1989。

［19］〔德〕汉斯·萨克塞：《生态哲学》，文韬、佩云译，东方出版社，1991。

［20］〔法〕A. 麦克唐纳：《敦煌吐蕃历史文书考释》，耿升译，青海人民出版社，1992。

［21］〔法〕P. A. 石泰安：《川甘青藏走廊古部落》，耿昇译，王尧校注，四川民族出版社，1992。

［22］〔法〕G. H. 吕凯等编著《世界神话百科全书》，徐汝丹等译，上海文艺出版社，1992。

［23］〔美〕阿兰·邓迪斯编《西方神话学论文选》，朝戈金等译，上海文艺出版社，1994。

［24］《西域南海史地考证译丛》，冯承钧译，商务印书馆，1995。

［25］〔荷兰〕E. 舒尔曼：《科技文明与人类未来：在哲学深层的挑战》，李小兵译，东方出版社，1995。

［26］〔美〕E. 拉兹洛：《决定命运的选择》，李吟波等译，三联书店，1997。

［27］〔美〕卡洛琳·麦茜特：《自然之死》，吴国盛等译，吉林人民出版社，1999。

［28］〔奥地利〕勒内·德·内贝斯基·沃杰科维茨：《西藏的神灵和鬼怪》，谢继胜译，西藏人民出版社，2000。

［29］（元）索南坚赞：《西藏王统记》，刘立千译注，民族出版社，2000。

［30］《马克思恩格斯全集》，人民出版社，2002。

［31］〔英〕克莱夫·庞廷：《绿色世界史》，王毅、张学广译，上海人民出版社，2002。

［32］〔法〕布罗代尔：《文明史纲》，肖昶等译，广西师范大学出版社，2003。

［33］〔美〕大卫·铃木、阿曼达·麦康纳：《神圣的平衡：重寻人类的自然定位》，何颖怡译，汕头大学出版社，2003。

［34］〔英〕斯坦因：《亚洲腹地考古图记》，巫新华等译，广西师范大学出版社，2004。

［35］〔美〕威廉·A. 哈维兰：《文化人类学》，瞿铁鹏、张钰译，上海

社会科学出版社，2005。

[36]〔英〕阿诺德·汤因比：《历史研究》上卷，刘兆成、郭小凌译，上海人民出版社，2005。

[37]〔美〕德内拉·梅多斯等：《增长的极限》，李涛、王智勇译，机械工业出版社，2006。

[38]《布顿佛教史》，蒲文成译，甘肃民族出版社，2007。

[39]〔法〕帕斯卡尔：《帕斯卡尔思想录》，何兆武译，天津人民出版社，2007。

[40]《自然沉思录：爱默生自主自助集》，博凡译，天津人民出版社，2009。

[41] 巴卧·祖拉陈瓦：《贤者喜宴——吐蕃史译注》，黄颢、周润年译，中央民族大学出版社，2010。

[42] 管·宣奴贝：《青史》，王启龙、还克加译，中国社会科学出版社，2012。

[43]〔美〕约翰·缪尔：《我们的国家公园》，郭名倞译，江苏人民出版社，2012。

[44]〔英〕阿诺德·汤因比：《人类与大地母亲：一部叙事体世界历史》上卷，徐波等译，上海人民出版社，2012。

[45]〔德〕诺贝特·埃利亚斯：《文明的进程——文明的社会发生和心理发生的研究》，王佩莉、袁志英译，上海译文出版社，2013。

[46]〔美〕朱利安·斯图尔德：《文化变迁论》，谭卫华、罗康隆译，贵州人民出版社，2013。

[47]〔美〕蕾切尔·卡逊：《寂静的春天》，许亮译，北京理工大学出版社，2015。

[48]〔英〕罗宾·奥斯本：《古风与古典时期的希腊艺术》，胡晓岚译，上海人民出版社，2015。

[49]〔德〕恩格斯：《家庭、私有制和国家的起源》，人民出版社，2018。

[50]〔德〕阿尔伯特·史怀哲：《文明的衰落与复兴》，孙林译，贵州人民出版社，2019。

四 论文类

［1］顾颉刚：《讨论古史答刘胡二先生》，《史地学报》1924 年第 3 期。

［2］谢国安：《西藏的四大圣湖》，《康藏研究月刊》1948 年第 2 期。

［3］邱中郎：《青藏高原旧石器的发现》，《古脊椎动物学报》1958 年第 2、3 期合刊。

［4］青海省文物管理委员会、中国科学院考古研究所青海队：《青海省都兰县诺木洪搭里他里哈遗址调查与试掘》，《考古学报》1963 年第 1 期。

［5］顾颉刚：《从古籍中探索我国的西部民族——羌族》，《社会科学战线》1980 年第 1 期。

［6］钱伯泉：《先秦时期的"丝绸之路"——〈穆天子传〉的研究》，《新疆社会科学》1982 年第 3 期。

［7］夏鼐：《商代玉器的分类、定名和用途》，《考古》1983 年第 5 期。

［8］贾兰坡：《我国西南地区在考古学和古人类研究中的重要地位》，《云南社会科学》1984 年第 3 期。

［9］夏鼐：《中国文明的起源》，《文物》1985 年第 8 期。

［10］龚方震：《西域宗教杂考》，《中华文史论丛》1986 年第 2 期。

［11］札巴孟兰洛卓：《奈巴教法史——古谭花鬘》，王尧、陈践译，《中国藏学》1990 年第 1 期。

［12］谢继胜：《战神杂考——据格萨尔史诗和战神祀文对战神、威尔玛、十三战神和风马的研究》，《中国藏学》1991 年第 4 期。

［13］李伯谦：《中国文明的起源与形成》，《华夏考古》1995 年第 4 期。

［14］周伟洲：《苏毗与女国》，《大陆杂志》第 92 卷，1996 年 4 月第 4 期。

［15］霍巍：《论古代象雄与象雄文明》，《西藏研究》1997 年第 3 期。

［16］〔美〕W. H. 默迪：《一种现代的人类中心主义》，章建刚译，《哲学译丛》1999 年第 2 期。

［17］顿珠拉杰：《西藏西北部地区象雄文化遗迹考察报告》，《西藏研究》2003 年第 3 期。

［18］郑堆：《帕拉庄园的变迁》，《中国西藏》2003 年第 5 期。

［19］索端智：《从民间信仰层面透视高原藏族的生态伦理——以青海黄南藏区的田野研究为例》，《青海民族研究》2007 年第 1 期。

［20］石硕：《如何认识藏族及其文化》，《西南民族大学学报》（人文社会科学版）2015 年第 12 期。

［21］赵宗福：《青海江河文化的梳理思考与学理建构》，《青海社会科学》2018 年第 4 期。

［22］孙华等：《丝绸之路南亚廊道东线初论——遗产范围、开辟过程、重要路段和价值意义》，北京大学考古文博院、北京大学中国考古研究中心编《考古学研究》第 11 辑，科学出版社，2020。

［23］索端智：《黄河源头地区生态保护和高质量发展问题思考》，《青海社会科学》2022 年第 3 期。

五　图册、词典类

［1］袁珂编著《中国民族神话词典》，四川省社会科学院出版社，1989。

［2］国家文物局编《中国文物地图集·青海分册》，中国地图出版社，1996。

［3］张怡荪主编《汉藏大辞典》上、下册，民族出版社，2000。

［4］冯契主编《哲学大辞典》，上海辞书出版社，2007。

［5］〔苏联〕M. H. 鲍特文尼克等编著《神话辞典》，黄鸿森、温乃铮译，商务印书馆，2015。

六　外文文献类

［1］A. H. Francke, *Notes on Rock-carvings from Lower Iadakh*, The Indian Antiqary, 1902.

［2］A. L. Kroeber, Clyde Kluckhohn, *A Critical Review of Concepts and Definitions*, Harvard University Press, 1952.

［3］F. W. Thomas, *Ancient Folk-literutare from North-easterm Tibet*, Berlin, 1957.

［4］Charles Darwin, *On the Origin of Species*, *A Facsimile of the First Edition*, Harvard University Press, 1964.

［5］M. Wheeler，"Civilizations of the Indus Valley and Beyond," *Thanes & Hudson*，1966.

［6］James Lovelock，*Gaia*：*A New Look at Life on Earth*，Oxford Universitg Press，1979.

［7］Bryan G. Norton，"Environmental Ethicsand Weak An-thropocentric," *Environmental Ethics*，1984.

［8］D. A. Mackenzie，*The Migration of Symbols and Their Relation to Beliefs and Customs*，Translated by R. T. Clark，New York，1996.

［9］Jace Weaver（ed.），Defending，*Mother Earth*：*Native American Perspectives on Environmental Justice*，Orbis Books，1996.

［10］Jonathan Mark Kenoyer，*Ancient Cities of the Indus Valley Civilization*，Oxford University Press，1998.

［11］Jonathan Bate，*The Song of the Earth*，Harvard University Press，2000.

［12］J. B. Foster，*Ecology against Capitalism*，Monthly Review Press，2002.

［13］A. Targowski，"Towards a Composite Definition and Classification of Civilization," *Comparative Civilizations Review*，2009.

［14］Jonathan Mark Kenoyer，"Trade and Technology of the Indus Valley"，*World Archaeology*，2010.

后　记

　　"生态文明是人类社会进步的重大成果。人类经历了原始文明、农业文明、工业文明，生态文明是工业文明发展到一定阶段的产物，是实现人与自然和谐发展的新要求。历史地看，生态兴则文明兴，生态衰则文明衰"，①在漫长的人类文明进程中，楼兰文明的陨落、两河流域文明的消亡，其重要原因之一就是生态环境的恶化，使人们失去栖居的家园。与之相反，在古老的东方文明中，在印第安人、因纽特人以及更多地域的土著文明中，都包含着一种以自然精神渗透人类生存的诗性智慧，它通过体验自然的神秘美丽而寻找生命意义的线索，以感悟宽厚仁慈的自然美德而引导心灵成长，催生出人与人友善合作的和谐关系，在自然生命境域中展开的一切人类文化活动都充满着富有美感的性灵内涵，更密切地保持了人与自然的关系，教给我们一种如在母体中的、人与世界和谐相处的生存智慧。

　　在广袤的河源地区（长江、黄河和澜沧江的源头汇水区），神山圣水是普遍的集体表象，山是神山、水是圣水，山水自然都被赋予神圣的精神性特质，这样的集体意识不仅是普遍的，而且河源周边其他社会也广受影响。山水意识是最基本的人们对周围环境的认知，是在千百年来人与周围环境的互动中形成的对周围环境的基本分类和基本认识，它根生于高原本土，与高原自然与社会共生相融，也与生活在这块土地之上人们的生产生活密切关联，山水意识的内涵非常之丰富，反映人与自然环境和谐共生的关系，也广泛深入地影响人民生产生活的模式。

　　从自然禀赋而言，河源地区生态环境敏感而脆弱，维系着全国乃至亚洲水生态安全命脉，是亚洲乃至全球气候变化的重要启动区，独特的生物多样性具有全球意义，在维护国家生态安全、维系中华民族永续发展的战略全局中具有不可替代性。习近平总书记对青海做出"三个最大"省情定位和"三个安全"战略地位定位，强调要"把青藏高原打造成为全国乃至国际生态文明高地"，②青藏高原生态保护进入生态文明建设的深化期。因此，如何协调自然保护和社会高质量发展是生态学和文化学交叉研究的热点问题，也是我国实现人与自然和谐共生的中国式现代化迫切需要解决的

---

① 中共中央文献研究室编《习近平关于社会主义生态文明建设论述摘编》，中央文献出版社，2017，第 6 页。

② 中共中央宣传部、中华人民共和国生态环境部编《习近平生态文明思想学习纲要》，学习出版社、人民出版社，2022，第 74 页。

实际问题。青藏高原河源文化的价值内涵何为？河源文化生态伦理思想的
当代价值何为？应该有一部系统、综合的著作加以研究和讨论，亦是青藏
高原区域社会高质量发展与实现人与自然和谐共生的中国式现代化实践所
需。鉴于此，我们将一如既往地牢记习近平总书记的嘱托，坚决扛起生态
保护重大政治责任，坚定不移做"中华水塔"守护人，守护好大美青海这
片高天厚土的生灵草木、万水千山，为建设人与自然和谐共生的中国式现
代化做出河源青海贡献。

赵　艳

2023 年 3 月 25 日于西宁

图书在版编目（CIP）数据

山宗水源：青藏高原生态伦理思想研究 / 赵艳著
. -- 北京：社会科学文献出版社，2023.12
ISBN 978-7-5228-2688-2

Ⅰ.①山… Ⅱ.①赵… Ⅲ.①青藏高原-生态环境建
设-研究 Ⅳ.①X321.27

中国国家版本馆 CIP 数据核字（2023）第 205557 号

山宗水源
——青藏高原生态伦理思想研究

著　　者／赵　艳

出 版 人／冀祥德
组稿编辑／任文武
责任编辑／王玉霞
文稿编辑／梅怡萍
责任印制／王京美

出　　版／社会科学文献出版社·城市和绿色发展分社（010）59367143
　　　　　地址：北京市北三环中路甲 29 号院华龙大厦　邮编：100029
　　　　　网址：www.ssap.com.cn
发　　行／社会科学文献出版社（010）59367028
印　　装／三河市尚艺印装有限公司

规　　格／开　本：787mm×1092mm　1/16
　　　　　印　张：14.75　字　数：236 千字
版　　次／2023 年 12 月第 1 版　2023 年 12 月第 1 次印刷
书　　号／ISBN 978-7-5228-2688-2
定　　价／88.00 元

读者服务电话：4008918866